国家气候观象台建设指南

郭建侠　王建凯 等　编著

气象出版社
China Meteorological Press

内容简介

本书参考国内外气候观象台发展经验,同时结合 WMO 气候系统观测要求和我国气象探测事业发展需求编写而成,对国家气候观象台综合观测平台、科学研究平台、开放合作平台、人才培养平台的功能建设进行规范化指导。全书共分 4 章,包括国家气候观象台建设目标、建设内容、运行管理等内容。

本书可作为我国国家气候观象台建设的参考用书,也可为气候领域的野外观测站、试验基地等建设提供借鉴和参考。

图书在版编目(CIP)数据

国家气候观象台建设指南 / 郭建侠等编著. — 北京:气象出版社,2020.8
ISBN 978-7-5029-7254-7

Ⅰ.①国… Ⅱ.①郭… Ⅲ.①气象台-建设-中国-指南 Ⅳ.①P411-62

中国版本图书馆 CIP 数据核字(2020)第 155752 号

国家气候观象台建设指南

Guojia Qihou Guanxiangtai Jianshe Zhinan

出版发行:气象出版社

地　　址:北京市海淀区中关村南大街 46 号	**邮政编码**:100081	
电　　话:010-68407112(总编室)　010-68408042(发行部)		
网　　址:http://www.qxcbs.com	**E-mail**:qxcbs@cma.gov.cn	
责任编辑:隋珂珂	**终　　审**:吴晓鹏	
责任校对:张硕杰	**责任技编**:赵相宁	
封面设计:博雅思企划		
印　　刷:北京中石油彩色印刷有限责任公司		
开　　本:889 mm×1194 mm　1/32	**印　　张**:3.875	
字　　数:130 千字		
版　　次:2020 年 8 月第 1 版	**印　　次**:2020 年 8 月第 1 次印刷	
定　　价:45.00 元		

本书编委会

主　任：郭建侠　　王建凯

编　委：陈冬冬　　高瑞泉　　杨晓武

　　　　林立铮　　段洪岭　　侯　威

序

  气候变化过程不仅受到大气圈层内部热力、动力过程的影响,也与地球系统各圈层及相互作用密切相关。为了更完整、系统地理解、认识、分析气候问题,1974年世界气象组织(WMO)和国际科学联盟理事会(ICSU)在瑞典斯德哥尔摩联合召开的"气候的物理基础及其模拟"国际学术讨论会上,明确提出了"气候系统"的概念,将气候系统作为大气圈、水圈、冰雪圈、岩石圈和生物圈相互作用的整体。这一概念的提出,为气候问题和地球科学的研究界定了新的领域,拓展出了更广阔的空间,是一个开创性、战略性的转变。

  科学认识气候系统,研究气候变化机理,发展气候系统模式,提高气候和气候变化预测水平,分析气候变化可能造成的影响,都需要对涉及气候系统各圈层的变量及相互作用和影响过程进行全链条的有效观测,提供高质量、连续、均一的多要素资料数据,这是关键性的基础工作。

  1990年,在瑞士日内瓦召开的第二次世界气候大会上,与会代表提出了制定"全球气候观测系统(GCOS)计划"的建议。1992年,世界气象组织(WMO)、联合国教科文组织政府间海洋学委员会(IOC)、国际科学联盟理事会(ICSU)和联合国环境规划署(UNEP)共同正式发起了制定"全球气候观测系统(GCOS)"计划。从GCOS设计的观测内容看,包含了五大圈层及表征圈层间相互作用的各类变量。

  中国于1997年成立了由13个部委共同参与的"全球气候观测系统中国委员会",各部门相继启动了与气候系统相关的观测计划。2002年,中国气象局牵头召开了"中国气候大会",通过了GCOS中国委员会提交的"中国气候系统观测系统计划",并启动了《中国气候观测系统》的编写工作。

2006年,中国气象局启动了国家气候观象台建设相关工作,并在5个代表不同气候区域的台站开始了观象台试点。经过十多年的发展实践,积累总结了一定的经验,形成了有价值的成果,在此基础上,2018年中国气象局发布了《国家气候观象台建设指导意见》,在全国遴选了首批24个国家气候观象台,开始加快推进观象台的建设工作。

国家气候观象台不仅是气候系统观测的综合业务平台,也是科学研究的平台,人才学习发展的平台,还是面向国内外各部门、各单位开放合作的平台。本书是在总结了十多年来的发展和实践基础上编写的,对综合观测平台、科学研究平台、开放合作平台和人才培养平台的建设内容进行了系统设计,有助于指导、推进国家气候观象台规范发展和建设。

国家气候观象台的建设是气候监测现代化的重要内容,相信随着国家气候观象台的发展和效益发挥,我国综合气候监测预测能力、科学研究水平以及人才培养都会得到有力的推动与发展。

许小峰

2020 年 7 月

前　言

　　国家气候观象台是对气候系统多圈层及其相互作用进行长期、连续、立体、综合观测的国家级地面综合观测站,同时也是开展相关领域科学研究、开放合作和人才培养的平台。建设国家气候观象台,对应对气候变化、服务生态文明建设等具有十分重要的意义。国家气候观象台的发展应坚持"创新、协调、绿色、开放、共享"发展理念,紧跟国际科技前沿,统筹部门内外资源,创新发展机制和管理方式,大力提升气候系统多圈层观测业务能力,充分发挥气象部门在应对气候变化工作中的基础性支撑作用。为加强国家气候观象台建设的统筹规划和顶层设计,规范国家气候观象台建设的科学内容和技术指标,编写了《国家气候观象台建设指南》,从建设目标、建设内容、运行管理、保障措施等方面对国家气候观象台建设进行指导。

　　本书由中国气象局观测业务主管职能司组织中国气象局气象探测中心牵头编写,郭建侠、王建凯负责本书框架和内容设计,陈冬冬、高瑞泉、杨晓武、林立峥、段洪岭、侯威等同志参加编写,陈冬冬、高瑞泉同志统稿。全书编写过程经过中国气象局观测业务主管职能司组织的专家审定。张鑫钰同志参与了本书的校核工作。在此,编写组对在本书编写过程中提出宝贵意见的专家和同行表示衷心的感谢!

　　本书可作为全国开展国家气候观象台建设的参考材料,也可作为维持观象台可持续发展的指导材料。由于编者水平有限,书中错漏之处还恳请广大专家和读者批评指正。

编委会

2020 年 5 月

目　录

第 1 章　概　述

1.1　编写背景

气候是人类生存环境中最活跃的组成部分,也是最重要的自然资源之一。气候变化将导致人类生存条件发生变化,影响社会经济和公众生活的各个方面。为充分了解气候变化及其影响,满足国民经济和社会发展需求,需要建立一个包含气候观测的气象综合观测系统,开展对大气圈及大气与多个圈层相互作用的观测,为气象和地球相关学科的业务与科研提供高质量、连续、均一的各类观测资料。

中国气象局 2006 年启动国家气候观象台相关工作并开展了试点建设。2018 年中国气象局在全国遴选了首批 24 个国家气候观象台,并于 2019 年开始建设。为规范建设要求、统一建设标准、提高建设效率、实现国家气候观象台业务顺利运行,中国气象局气象探测中心在综合观测司指导下牵头编制了该指南,指南对国家气候观象台建设的原则、目标、内容以及未来运行管理等进行了阐述说明,能够指导和规范未来我国国家气候观象台的建设和发展。

1.2　编写依据

《国务院关于加快气象事业发展的若干意见》(国发〔2006〕3 号);

《中国气象局关于推进气象业务技术体制重点改革的意见》(气发〔2020〕1 号);

《中国气候观测系统实施方案》(2013 年修订);

《气象仪器与观测方法指南》(第八版);

《中国气象局关于加强生态文明建设气象保障服务工作的意见》(气发〔2017〕79号);

《综合气象观测业务发展规划(2016—2020年)》(气发〔2017〕10号);

《国家气候观象台建设指导意见》(气发〔2018〕85号)。

1.3　基本原则

《国家气候观象台建设指南》(以下简称《指南》)的编写遵循以下基本原则:

普适性:鉴于常规气候观测的稳定性和业务运行的规范化,《指南》对基准气候观测及观象台运行管理给出通用推荐标准,使其在指导各地观象台建设中具有普适性。

全面性:《指南》内容尽量全面,除观测方式和建设要求外,还涵盖观象台业务开展过程的运行管理、科学研究、合作共赢和可持续发展等方面内容,尽可能做到全面具体。

规范性:《指南》内容立足于我国现有业务标准、技术规范和指导性文件,同时吸收世界气象组织对气象观测的方法指南,从而建立规范性的建设推荐标准。

先进性:《指南》编写基于气候系统多圈层观测,同时参考国内外观象台建设经验、WMO气候观测各领域指标、国际气象探测最新进展等内容,保证建设的先进性。

可持续性:在建设规模、经费保障、人才培养、合作共赢等方面充分考虑未来需求和运行体制,推进国家气候观象台可持续性发展。

1.4　总体思路

《国家气候观象台建设指南》以中国气象局《国家气候观象台建设指导意见》(气发〔2018〕85号)为依据,考虑《综合气象观测业务发展规划(2016—2020 年)》中研究型业务和观测质量管理体系等内容,并以现有标准、规范、业务规定等为基础,形成该《指南》。同时,《指南》还充分吸收了国内外已有国家气候观象台建设成果,并增加了国家气候观象台运行机制和运行考核等内容。

第2章　国家气候观象台建设目标

建设一批能够长期稳定、综合立体、特色突出、标准规范、质量达标的国家气候观象台,使其具备气候系统多圈层监测能力,并在科学研究方面取得突破,打造成在国内外相关领域有较大知名度和影响力的国家气候观象台。

2.1　业务目标

国家气候观象台应建成综合观测平台、科学研究平台、开放合作平台和人才培养平台,同时开展研究型业务攻关和试点工作。

(1)综合观测平台

在国家气候观象台开展气候系统多圈层及其相互作用的长期、连续、立体、综合观测,推进空天地一体化观测,实现多时空尺度和多观测技术综合集成,获取涵盖包括全部基本气候变量的长序列、全方位、高精度、无缝隙观测数据。

(2)科学研究平台

围绕气候系统各圈层间物质能量交换以及各圈层对天气、气候和生态系统影响等科学问题,通过综合观测试验,开展气候相关领域科学研究,揭示气候系统演变内在规律,解决气候系统模式优化和发展的关键问题。

(3)开放合作平台

将国家气候观象台打造成面向国内外、部门内外、地区内外相关合作单位和广大科技人员的开放合作平台,通过共建共享,达到合作共赢的目的。

（4）人才培养平台

依托国家气候观象台这一人才成长平台,培养造就一批有现代科学视野和国际影响力的科技领军人才,引领观测业务技术创新发展。

（5）研究型业务

推进科研和业务紧密结合,开展以提高科学认知和创新科学方法为重点,以强化评估和业务标准为抓手,以数字化、智能化、信息化为目标的研究型业务。

2.2　科学目标

国家气候观象台以解决天气气候和生态系统科学问题为核心,重点围绕但不限于以下科学目标开展相应观测和建设工作:

（1）描述气候系统的现状及其变异;

（2）监测气候系统的强迫因素,包括自然强迫和人为强迫;

（3）揭示气候变化原因;

（4）预测全球气候变化;

（5）提供全球气候变化信息,并分析区域响应;

（6）揭示气候变化重要的极端事件,并评估其风险和脆弱性;

（7）研究生态系统的结构与功能、格局与过程的变化规律;

（8）揭示气候变化对生态系统的影响及其相互作用;

（9）增强对区域天气气候特征、结构和多时空尺度演变规律的认识,为提高无缝隙精细化预报预测能力奠定基础;

（10）掌握区域气候资源和气象灾害的特点及其对背景气候的敏感性,为提高防灾减灾和应对气候变化服务能力奠定基础;

（11）掌握区域气象不确定性问题的原因,为完善综合气象观测系统和科学开展气象服务提供科学依据。

第3章 国家气候观象台建设内容

国家气候观象台建设坚持集约化和一站多址、一站多用的布局设计,发挥地基、空基和天基相结合的综合优势,充分利用现有国家基准气候站、国家基本气象站、国家气象观测站、应用气象观测站、高空气象观测站、科学试验基地以及外部门野外试验站等,同时发挥观象台站址的气候区域代表性、观测资料连续性、立体观测全面性等优势,联合行业内外实现资源有效利用和共建共赢。

3.1 基本要求

国家气候观象台应具备开展长期稳定的基本气候观测以及在气候敏感区和多圈层相互作用区开展针对性特色观测的能力。此外,国家气候观象台作为科学研究、开放合作和人才培养的平台,还应具备开展科学试验和建立开放实验室的场地、办公和基本生活设施。

3.2 综合观测平台建设

应根据区域特点、功能定位和业务科研需求,确定各国家气候观象台所承担的观测任务。在此基础上,参考 GCOS 对基本气候变量的相关规定,确定具体的观测要素。

3.2.1 站址要求

国家气候观象台主站应具备一定规模的综合观测能力,副站应是在主站的基础上对开展基本观测任务和拓展观测任务的有效补充。基本要求如下。

（1）站址要求

主站场地面积不小于 30 亩①，副站距主站在 80 km 范围内。

（2）环境要求

主站探测环境符合《国家基准气候站选址技术要求》（QX/T 289—2015）的有关规定，具体如下。

①规避人类活动对站址稳定性的影响。包括规避未来 20 年以上城镇、交通规划的建设区域；规避未来 20 年以上矿产、工业等规划开发区域。

②规避对站址稳定性影响的区域。包括规避易遭受滑坡、山洪、泥石流、地震等自然灾害及河流改道影响的地区；规避易遭受龙卷风、台风等极端天气直接影响的区域；规避因地形诱发产生局地气象条件的地区；规避对观测仪器有危害的动物经常出没、迁徙通道等区域。

③站址周围应开阔，地势平坦。

④站址所处位置的地表覆盖类型应与 50 km 范围内主要地表覆盖类型一致。

⑤站址最多风向上风方向 10 km 范围内无大中型工矿区、小型露天矿、多粉尘烟雾排放的加工单位，并规避集中居住人口大于 2 万人的城镇、居住区等。

⑥站址周围 2 km 范围内人工建造物占地面积比例小于 5%，5 km 范围内人工建造物占地面积比例小于 10%。

⑦站址应远离河海或其他大型水体 2 km 以上，以海洋气候观测为目的的国家气象观测站不受此限制。

⑧拟建观测场内的土壤应与周围 500 m 范围内土壤类型保持一致。

⑨拟建观测场边缘 500 m 范围内地形坡度小于 19°。

---

①　1 亩≈666.7 m²。

⑩拟建观测场边缘 100 m 范围内无建筑物、构筑物、水体。

⑪拟建观测场边缘 100 m 以外无遮挡仰角大于 2.86°的人为障碍物（距高比大于 20）。

⑫拟建观测场边缘 2 km 范围内自然山体最高点的遮挡仰角不大于 2.86°（距高比大于 20），山区站 2 km 范围内自然山体最高点的遮挡仰角不大于 5°。

⑬当太阳高度角大于 3°时，拟建观测场内无遮阴，山区站不受此限制。

⑭拟建观测场应远离铁路、城市轨道、高速公路、国道、垃圾场、排污口、电磁干扰等影响源 1 km 以上，远离省道及以下等级公路 200 m 以上。

（3）其他

各站址应根据需要建立保障措施，保障在观测系统发生故障时能到达现场进行维护。

3.2.2　基础建设要求

3.2.2.1　观测场地布局

国家气候观象台内仪器设施的布置要注意互不影响，便于观测操作，基本原则包括：

（1）综合观测场应按照基本观测区、拓展观测区、科学试验观测区进行划分。各区总面积都不得小于 50 m×50 m；

（2）原则上高的仪器设施安置在北面，低的仪器设施安置在南面，同时满足探测设备自身对探测环境的要求；

（3）应选择具有代表性的开阔场地进行生态观测、冰川冻土积雪观测、地基空间天气观测、卫星遥感—地面校正场观测等观测任务；

（4）没有观测标准和业务规范的，参照观测设备功能规格书安装要求；

（5）联合开展的观测项目和科研观测项目不能对基本观测任务的观测环境和观测对象产生影响。

3.2.2.2　配套设施

国家气候观象台配套设施建设包含工作用房、供电系统、防雷系统和安全监控等方面,并按照《观测司关于加强地面气象观测标准化工作的通知》(气测函〔2015〕126 号文)进行标准化建设,具体如下。

(1)工作用房

总体美观、功能室布局合理、便于操作维修,室内整洁、规范。需配置布局合理的工作平台,各类业务系统或终端平台的铭牌须严格按照要求统一设计制作、摆放。

(2)供电系统

计算机设备、照明、空调供电应分开,采用三相五线制,不得与其他设备共用同一相电。室内线缆走暗线,不得暴露,插座、电源开关等安装必须符合供电部门的规范设计要求,布局合理,有利于用电操作。

(3)防雷系统

观测场防雷系统接地电阻≤4 Ω。处在高山、海岛等岩石地面土壤的电阻率>1000 Ω·m 的观测场,接地体的接地电阻值可适当放宽。

交流电须安装防雷安全模块,避免直击雷和感应雷的影响。

(4)安全监控

观测场安装实景监控系统、报警器,对探测环境进行实时监视,对观测设备运行状况进行监控。办公场所统一布局安全监控系统,为财产安全提供保障。

3.2.2.3　信息系统

国家气候观象台信息系统包括信息传输系统、存储系统、国家气候观象台业务平台、国家气候观象台网站等。

(1)信息传输系统

国家气候观象台信息传输系统依托现有气象通信网络资源,按现有信息传输流程建立观象台、省级、国家级三级传输体系。

国家气候观象台应具备通信传输备份机制,确保观测数据不丢失。

（2）存储系统

国家气候观象台数据存储应不影响主站、副站原隶属网络的正常资料上传。

国家气候观象台应建立本地专用存储系统，实现国家气候观象台各观测系统全部数据的汇集、管理和存储。

国家气候观象台数据存储原则上要求双备份。

（3）国家气候观象台业务平台

国家气候观象台业务平台应具备全国观象台的站址环境查询、观测数据展示、业务运行监控、报告查询下载、科研成果展示、业务运行管理和考核结果通报等功能。

国家气候观象台根据需求可建立本地业务平台，实现机构设置介绍、观测系统的数据展示、应用产品开发、设备运行监控等功能，并按年度展示观象台的科研和业务成果，包括工作计划、科研计划、观测报告、科研成果等。

（4）国家气候观象台网站

国家气候观象台网站应包括各个国家气候观象台建设概况、观测能力、研究成果、共享合作等内容，各国家气候观象台可申请建立各自的对外网站，开展台站介绍、产品发布、成果展示、合作共建等互动渠道。

3.2.3　基本观测任务

基本观测任务包括基准气候观测、高空观测、近地层（海面）通量观测、基准辐射观测、地基遥感廓线观测、生态系统监测、大气成分观测七项，是国家气候观象台必须开展的基本气候变量观测。

同一观测场开展的多项观测任务中如有相同观测内容，则按照各项任务要求的最高标准进行建设，避免重复。

3.2.3.1　地面基准气候观测

（1）总体要求

地面基准气候观测是国家气候观象台最基本的观测任务。在观象台开展高精度地面基准气候观测，可为有关业务和科研积累近地层大气核心变量的长序列观测数据,同时为周边观测校验和卫星观测校验等提供数据支撑。

(2)对应的基本气候变量

近地面大气温度、风向风速、水汽、气压、降水、地表辐射收支。

(3)观测项目

气温、降水(液态和固态)、气压、空气湿度、风向、风速、总辐射、直接辐射、散射辐射、反射辐射、地面长波辐射等。

(4)观测环境

基准气候观测应代表周围 100 km 内的平均状况,且观测环境50 年不受破坏。

观测场周边 50 m 范围内,不应修建公路、种植高度超过 1 m 的树木和作物等,不应修建建筑物、构筑物等障碍物;

观测场周边 100 m 范围内,不应挖筑水塘等;

观测场周边 200 m 范围内,不应修建铁路;

观测场周边 500 m 范围内,不应设置垃圾场、排污口及辐射源、电磁干扰源等影响源;

观测场周边 1000 m 范围内,不应修建海拔高度超过距观测场距离 1/10 的建筑物、构筑物,不应实施爆破、钻探、采石、挖砂、取土等危及地面气象观测场安全的活动;日出、日落方向障碍物的遮挡仰角不应大于 5°。

地点应设在能较好地反映本地较大范围的气象要素特点的地方,避免局部地形的影响。

观测场四周必须空旷平坦,避免建在陡坡、洼地或邻近有丛林、铁路、公路、工矿、烟囱、高大建筑物的地方。避开地方性雾、烟等大气污染严重的地方。观测场四周障碍物的影子应不会投射到日照和辐射观测仪器的受光面上,在日出日落方向障碍物的高度角不超过5°,附近没有反射阳光强的物体。

在城市或工矿区,观测场应选择在城市或工矿区最多风向的上风方向。

　　气象站周围观测环境发生变化后要进行详细记录。新建、迁移观测场或观测场四周的障碍物发生明显变化时,应以观测场中心为准,测定四周各障碍物的方位角和高度角,绘制地平圈障碍物遮蔽图。

　　为了获取高稳定、可靠和准确的观测资料,地面基准气候观测场地必须选择局地人类活动影响小的,具有代表性下垫面的地点。

　　地面基准气候观测场距周围建筑、树木等障碍物的距离不小于障碍物自身高度 10 倍,场地内地面植被与该区域平均状况相同。

　　自动气候站观测场围栏根据需要设置,不设置围栏时,应在四周设置标识。

　　百叶箱、自动气候站仪器塔上的各传感器和降水传感器之间必须避开相互影响,仪器布局尽可能行列整齐排列。

　　一般气温测量的仪器在东,降水测量的仪器在西,自动气候站仪器塔在南,称重式降水量传感器在北。同时应考虑自动气候站自身的影响,以及与其他观测系统相互间的影响。

　　仪器安置在紧靠东西向小路南面,观测员应从北面接近仪器。

　　电源箱安置在观测塔东北边约 5 m 的地方,在电源箱附近安置电源接线盒,将多路电源线分别引到每个支架(柱)基础附近。

　　自动气候站与工作室应铺设地沟或管道,采用掩埋管道走线的场地,管道应埋入地下 50 cm 的深度,使填埋后植被能正常生长。地沟或管道中,通信电缆应选用直径 10 cm 以上的金属管或带金属网屏蔽的 PVC 管穿管,电源线应单独使用直径 2 cm 金属管或带金属网屏蔽的 PVC 管穿管。通信电缆和电源线管道在拐弯处应设带盖三通作为检查井。

　　对于称重式降水量传感器防风圈的安装视冬季是否会出现降雪而定。由于防风圈的大小不一,自动气候站的仪器设备按如下三种类型布设。

　　①北方大防风圈型:观测场大小 25 m×25 m。各仪器设施共两行两列。北面为百叶箱和称重式降水量传感器(防风圈外圈直径

12 m),百叶箱与防风圈外圈的距离≥8 m;南面为自动气候站仪器塔和翻斗式雨量传感器,两者之间的距离≥14 m,自动气候站仪器塔位于百叶箱的正南面,与百叶箱的距离≥15 m。各传感器与围栏之间的距离≥3 m(图 3.1)。

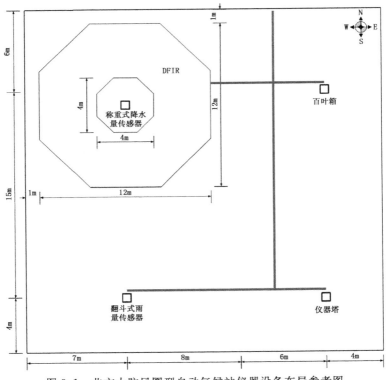

图 3.1　北方大防风圈型自动气候站仪器设备布局参考图

②北方小防风圈型:观测场大小 15 m(东西)×25 m(南北)。各仪器设施东西排列成三行。北面为称重式降水量传感器(防风圈外圈直径 8 m),其尽可能靠西;中间为百叶箱,百叶箱与防风圈外圈的距离≥4 m;南面为自动气候站仪器塔和翻斗式雨量传感器,两者之间的距离≥7 m,自动气候站仪器塔位于百叶箱的正南面,与百叶箱

的距离≥8 m。各传感器与围栏之间的距离≥3 m(图 3.2)。

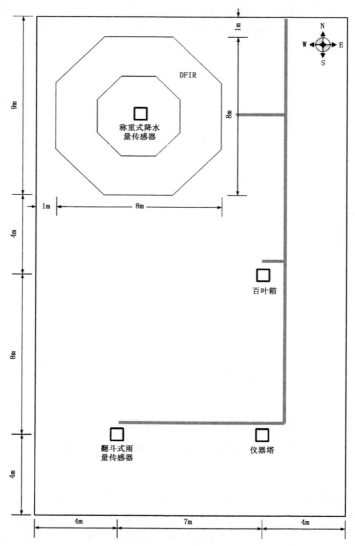

图 3.2　北方小防风圈型自动气候站仪器设备布局参考图

③南方型:观测场大小 15 m×15 m。各仪器设施共两行两列,
东西间距≥7 m,南北间距≥8 m,各传感器与围栏之间的距离≥3 m。
其中,北面为百叶箱和称重式降水量传感器(无防风圈,配 ALTER
型挡风圈);南面为自动气候站仪器塔和翻斗式雨量传感器。各传感
器与围栏之间的距离≥3 m(图 3.3)。

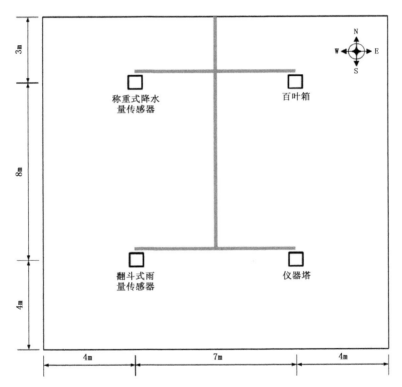

图 3.3　南方型自动气候站仪器设备布局参考图

(5)观测设备

地面基准气候观测仪器设备配置见表 3.1。

表 3.1　地面基准气候观测仪器设备配置表

观测项目	观测方式	参考仪器 (设备)型号	数量	参考品牌或 生产商
气温	铂电阻温度传感器	Pt100	3	1. 江苏省无线电科学研究所有限公司 2. 广东省气象计算机应用开发研究所 3. 上海长望气象科技有限公司 4. 华云升达(北京)气象科技有限责任公司 5. 中环天仪(天津)气象仪器有限公司
降水量	翻斗式雨量传感器/ 称重降水传感器	SL3-1	3	
气压	气压传感器	PTB330、PTB210	1	
空气湿度	湿度传感器	HMP155	1	
风向	风向传感器	EL15/ZQZ-TF	1	
风速	风速传感器		1	
多层地温	地温传感器	Pt100	10	
蒸发	自动蒸发传感器	AG2.0	1	
地面温度	红外地温传感器	FS-IR	1	
总辐射	总辐射传感器	CMP22	1	
采集系统	采集系统		1	

(6)安装维护

①观测场

观测场一般为与周围大部分地区的自然地理条件相同的 25 m×25 m 的平整场地；需要安装辐射仪器的台站,可将观测场南边缘向南扩展 10 m。

要测定观测场的经纬度(精确到分)和海拔高度(精确到0.1 m),其数据刻在石桩上,埋设在观测场内的适当位置。

观测场四周一般设置约 1.2 m 高的稀疏围栏,围栏所用材料不宜反光太强。场地应平整,保持有均匀草层(不长草的地区例外),草高不能超过 20 cm。对草层的养护,不能对观测记录造成影响。场内不准种植作物。

为保持观测场地自然状态,场内铺设 0.3~0.5 m 宽的小路(不用沥青铺面),只准在小路上行走。有积雪时,除小路上的积雪可以清除外,应保护场地积雪的自然状态。

根据场内仪器布设位置和线缆铺设需要,在小路下修建电缆沟或埋设电缆管,用以铺设仪器设备线缆和电源电缆。电缆沟(管)应做到防水、防鼠,并便于铺设和维护。

观测场的防雷必须符合《气象台(站)防雷技术规范》(QX4—2000)的要求。

②观测场内仪器设施的布置

高的仪器设施安置在北边,低的仪器设施安置在南边。

各仪器设施东西排列成行,南北布设成列,相互间东西间隔不小于 4 m,南北间隔不小于 3 m,仪器距观测场边缘护栏不小于 3 m。

观测场围栏的门一般开在北边,仪器设备紧靠东西向小路南侧安设,观测员应从北面接近观测仪器。

辐射观测仪器一般安装在观测场南边,观测仪器感应面不能受任何障碍物影响。因条件限制不能安装在观测场内时,总辐射、直接辐射、散射辐射以及日照观测仪器可安装在天空条件符合要求的屋顶平台上,反射辐射和净全辐射观测仪器安装在符合条件的有代表性下垫面的地方。

北回归线以南的地面气象观测站观测场内设施的布置要考虑太阳位置的变化进行灵活掌握,尽量保证观测记录的代表性和准确性。

③观测仪器维护和检验

地面气象观测仪器设备应按规定进行校验和检定,气象台站不得使用未经检定、超过检定周期或检定不合格的仪器设备。

地面气象观测仪器设备应经常维护和定期检修,保证在规定的检定周期内仪器保持规定的准确度要求(图 3.4)。

3.2.3.2　高空观测

(1)总体要求

高空观测数据是大气垂直廓线观测的重要基础数据。在观象台或周边开展高空观测,为有关业务和科研积累高空大气核心变量的长

北

①风塔、风向风速传感器　　⑩翻斗式雨量传感器　　⑱草面温度传感器
②前向散射能见度仪　　　　⑪称重式降水量传感器　　⑲全自动太阳跟踪器
③降水现象仪　　　　　　　⑫酸雨自动观测仪　　　　⑳辐射传感器
④百叶箱、气温传感器、湿度传感器、　⑬通风防辐射罩、蒸发传感器　㉑天气现象视频智能观测仪
　气温多传感器标准控制器　⑭深层地温传感器　　　　㉒主采集器
⑤自动雪深仪　　　　　　　　（40、80、160、320 cm）　㉓降水多传感器标准控制器
⑥闪电定位仪　　　　　　　⑮冻土自动观测仪　　　　㉔地温分采集器
⑦翻斗雨量传感器Ⅰ　　　　⑯光电式数字日照计　　　㉕综合集成硬件控制器
⑧翻斗雨量传感器Ⅱ　　　　⑰地面温度传感器、浅层地温传感器　㉖雨量器
⑨翻斗雨量传感器Ⅲ　　　　　（5、10、15、20 cm）　　㉗配电箱

图 3.4　观测场仪器设备布置位置参考图

序列观测数据,同时为地基遥感、卫星和其他观测校验提供数据支撑。

（2）对应的基本气候变量

高空大气的温度、风向和风速、湿度等。

（3）观测项目

温度、湿度、气压、风向、风速。

（4）观测环境

在距放球点 50 m 范围内,不应有影响气球施放的障碍物。

民用建筑物、构筑物和铁路、道路与制氢室、储(用)氢室的防火间距应不小于 25 m,重要建筑物、构筑物和火源与制氢室、储(用)氢室的防火间距应不小于 50 m。

架空电力线与制氢室、储(用)氢室的防火间距应不小于 1.5 倍电杆高度。

使用卫星导航系统的高空气象观测站,其地面接收设备四周100 m 距离内,不应有对电磁波反射强烈的物体和水库、湖泊、河海等水体。

采用定向天线探测系统(雷达、无线电经纬仪)的高空气象观测站高空盛行风下风方向±60°方位范围内的障碍物对探测系统的天线形成的遮挡仰角应不大于 2°,四周的障碍物对探测系统天线形成的遮挡仰角应不大于 5°。

使用卫星导航系统的高空气象观测站,其四周的障碍物对卫星导航系统接收天线形成的遮挡仰角应不大于 10°。

高空气象观测站四周干扰源的防护应符合(GB13618—1992)中第 3 条和第 4 条的规定。

(5)观测设备

按照 WMO 的 GCOS 高空观测的技术要求建设,表 3.2 给出GCOS 高空观测的技术要求,表 3.3 给出适应当前技术的高空观测仪器配置。

表 3.2　GCOS 高空观测技术要求

项目	探测高度		探测精度	
	最低要求	目标要求	最低要求	目标要求
温度	100 hPa	5 hPa	0.2 hPa	0.1 hPa
湿度	对流层	—	2%	1%
风速	—	—	2 m/s	1 m/s
风向	100 hPa	5 hPa	—	—
100 hPa 位势高度	—	—	80 m	10 m

表 3.3　高空观测仪器设备配置表

观测项目	观测方式	参考仪器（设备）型号	参考品牌或生产商
温度	无线电探空仪	GTS1-2/GTS1	1. 南京大桥机器有限公司 2. 上海长望气象科技有限公司
湿度			
风速			
风向			
100 hPa 位势高度			
配套设备	探空仪基测箱	JKZ1	上海长望气象科技有限公司
配套设备	数据采集系统	GTC2	南京大桥机器有限公司
配套设备	电解水制氢设备	QDQ2-1	中国船舶重工集团第七一八研究所
配套设备	探空气球		1. 中国化工橡胶株洲研究设计院 2. 广州市双一气象器材有限公司

3.2.3.3　近地层(海面)通量观测

（1）总体要求

近地层（海面）通量是陆气、海气相互作用的重要指标。在观象台开展通量观测，定量测量气候系统各圈层之间的物质和能量交换，获取不同代表性下垫面近地层动力、热力结构及多圈层相互作用过程的综合信息，实现对各圈层相互作用的客观定量描述，为气候模式参数化方案的建立、检验、校正提供科学依据。

（2）对应的基本气候变量

陆地—人类圈—人为温室气体通量，海洋—物理—海面热通量。

（3）观测项目

基本观测项目：三维风速、超声虚温、水汽密度、二氧化碳密度。

拓展观测项目:气压、风速、风向、气温、相对湿度、降水量、大气长波辐射和地面长波辐射、太阳总辐射和地面反射辐射、净全辐射、光合有效辐射、土壤温度、土壤体积含水量、土壤热通量、潮高、潮时、波高、波向、波周期、表层海水温度、表层海水盐度。

(4)观测环境

近地层通量观测应选择有代表性的下垫面区域,应保证上风方向一定范围内的平坦均一性。

陆气通量:周边无污染源;周围无明显建筑和遮挡;观测塔沿上风向的距离至少大于观测高度的 100 倍。

海气通量:要求海岸地势平缓,尽量避开陡岸;海岸一侧无明显的高大地形、建筑物和树木;上风方向的海面开阔,无岛屿、暗礁、沙洲等障碍物,或水产养殖、捕捞区。

通量观测铁塔应设在与目标观测一致的具有区域代表性,且相对开阔平坦的自然下垫面上;若区域代表性目标观测对象为农田、草地、荒漠等,通量观测塔亦应设置在与目标观测对象相应的自然下垫面上。

(5)观测设备

近地层(海面)通量基本观测和拓展观测项目仪器设备配置见表 3.4 和表 3.5。

表 3.4　近地层(海面)通量基本观测项目仪器设备配置表

基本观测项目	观测方式	参考仪器设备	数量	参考品牌或生产商
水汽密度	红外水汽二氧化碳观测仪	1. LI7500RS	1	1. LICOR
二氧化碳密度		2. EC150		2. CAMPBELL
三维风速	三维超声风	1. R3－50/100	1	1. GILL
超声虚温		2. CSAT3A 3. WIND-Ultraschall		2. CAMPBELL 3. Thies
空气温度	温湿度传感器	HMP155	1	VAISALA
相对湿度				
采集系统	采集系统	1. CR300-Series 2. CR6	1	CAMPBELL
观测塔	观测塔		1	

表 3.5　近地层(海面)通量拓展观测项目仪器设备配置表

拓展观测项目	观测方式	参考仪器设备	数量	参考品牌或生产商
气压	气压传感器	PTB330、PTB210	1	1. 江苏省无线电科学研究所有限公司
风向	风向传感器	EL15/ZQZ-TF	1	2. 广东省气象计算机应用开发研究所 3. 上海长望气象科技有限公司
风速	风速传感器			4. 华云升达(北京)气象科技有限责任公司
降水量	翻斗式雨量传感器	SL3-1	1	5. 中环天仪(天津)气象仪器有限公司
大气长波辐射	长波辐射表	1. CGR4 2. IR20	1	1. KIPP@ZONE 2. Hukseflux
地面长波辐射				
太阳总辐射	太阳直接辐射表	1. CMP22 2. DR30	1	1. KIPP@ZONE 2. Hukseflux
地面反射辐射				
净全辐射	净辐射表	1. CNR4 2. NR01	1	1. KIPP@ZONE 2. Hukseflux
光合有效辐射	光合有效辐射表	1. PAR-LITE 2. FS-PR	1	1. KIPP@ZONE 2. Hukseflux
土壤温度	铂电阻传感器	1. DWJ1 2. DWJ1-1 3. WJ1	5	长春气象仪器有限公司
土壤体积含水量	自动土壤水分观测仪	1. DZN1 2. DZN2 3. DZN3	1	1. 上海长望气象科技有限公司 2. 河南中原光电测控技术有限公司 3. 华云升达(北京)气象科技有限责任公司

续表

拓展观测项目	观测方式	参考仪器设备	数量	参考品牌或生产商
土壤热通量	热通量传感器	HFP01	2	HUKSEFLUX
波向	波浪浮标	SPF3-1 型测波浮标	1	山东省科学院海洋仪器仪表研究所
波周期				
波高				
潮高	验潮仪	1. solo3D tide16 2. Aquatrak5002	1	1. RBR 公司 2. Aquatrak 公司
潮时				
表层海水温度	海水温盐传感器	4419RA	1	安德拉公司
表层海水盐度				

（6）安装维护

①基本要求（表 3.6）

雨量、蒸发、辐射传感器均按《地面气象观测规范》要求安装在观测场规定的位置上。

塔上传感器的安装高度根据体系结构的要求安装。

②安装高度要求

目标观测对象为森林时，梯度观测塔的高度视观测区域森林树木高度和树木生长情况（冠层高度）而定，根据树木生长情况，要保证 10 年内观测塔至少高出林冠上方 32 m 左右。一般情况下观测塔的高度是冠层高度的 1.5～2 倍。在森林生态系统通量观测中，应根据情况设置冠层内的通量观测，林冠内风速由热球微风仪观测，温、湿梯度由通风干湿表测得，观测高度分别为 2 m、8 m、16 m、22 m、26 m、32 m、40 m、60 m 处，湍流通量分别设置在 16 m 和 32 m 处，超过冠层的风速由轻型风杯风速计测得。

目标观测对象为海洋（湖泊）时，通量观测铁塔安装位置的水深不低于 2 m（浅水区、浅水礁石）。

一般情况下，观测铁塔的位置应设在周边建筑物、树木等其他障碍物（建筑物等）高度的 10 倍以远的水平距离。

表 3.6 仪器安装要求

仪器	安装高度	误差	基准部位
空气温度传感器	2 m、4 m、10 m、20 m、30 m	5 cm	传感器顶端
空气湿度传感器	2 m、4 m、10 m、20 m、30 m	5 cm	感应部分中心
风速传感器	2 m、4 m、10 m、20 m、30 m	5 cm	风杯中心
风向传感器	10 m 方向正南(北)	5 cm 5°	风标中心 方位指南(北)螺丝
四分量辐射传感器	2 m	5 cm	传感器中心
光合有效辐射传感器	2 m	5 cm	感应平面
红外表面温度传感器	2 m	5 cm	镜头
气压传感器	1.5 m	5 cm	传感器
土壤热通量板	5 cm	2 cm	感应部分中心
土壤温度传感器	深度 5 cm、10 cm、15 cm、 20 cm、40 cm	2 cm	传感器探针
土壤湿度传感器	深度 10 cm、20 cm、50 cm、 100 cm、180 cm	2 cm	传感器探针
三维超声风温仪	4 m 朝当地主风向	5 cm	感应部分中心
二氧化碳水分分析仪	4 m 与水平面成 60°角	5 cm	气路中心
空气温湿度传感器	4 m	5 cm	感应部分中心

近地层通量观测应和地面基准气候观测在相同下垫面的观测场,一般布设在综合观测场的北边,下垫面应尽可能平坦。

下垫面(冠层)以上可以设 5 层(2 m、4 m、10 m、20 m、32 m),在各个高度安装平均场温度、湿度、风速传感器,其传感器伸臂垂直于主风向。

下垫面(冠层)以上 10 m 高度设置风向传感器;4 m 以上高度(具体高度根据下垫面冠层而定)安装三维超声风温仪和二氧化碳水分分析仪,其伸臂指向主风向;根据下垫面植被状况在 2~4 m 高度安装辐射传感器,最好脱离铁塔单独架设,周围设施不能遮蔽太阳光。

红外 H_2O/ CO_2 分析仪根据下垫面状况确定安装高度,一般低于 10 m。

热通量板安装在离地表 5 cm 土壤中。

土壤温度传感器安装在离地表 5 cm、10 cm、15 cm、20 cm、40 cm 土壤中。

土壤水分传感器安装在离地表 10 cm、20 cm、50 cm、100 cm、180 cm 土壤中,若超过地下水位不再安装。

辐射仪器(高精度的向上/向下短波和长波辐射表)安装在由塔体向外伸展的横架上,横架长 2 m。目标观测对象为海洋(湖泊)时,水面的基准位置为当地的最高潮位和平均浪高之和。辐射表距标准水面约 4 m。水温表吊在水面浮板上,分别在水面以下 0.1 m 和 0.5 m、1.5 m、3 m。测量表层温度的红外温度表安装在 10 m 高度上。

当下垫面是较为平静水面时,辐射传感器应安装在由塔体向外伸展的横架上,横架长 2 m。水面的基准位置为当地的最高潮位和平均浪高之和。辐射表距标准水面约 4 m。水温表吊在水面浮板上,分别在水面以下 0.1 m 和 0.5 m、1.5 m、3 m。测量表层温度的红外温度表安装在 2 m 高度上(对于海洋根据海浪高度确定)。

注意:因塔体的不同情况和下垫面状况,为减少对脉动仪器和辐射仪器的影响,也可在塔体附近建立脉动仪器和辐射仪器的观测小塔,安装高度不变。

通量观测塔结构是空心钢建筑结构,三角组合断面,观测塔设置场与高度视目标观测对象而定,一般要求冠层以上,不低于 32 m;根据不同下垫面特征观测需要,近地层通量观测铁塔设定若干层观测平台和可收展式伸臂。观测塔要求风阻小塔架,且阳光反射小的中灰色(图 3.5)。

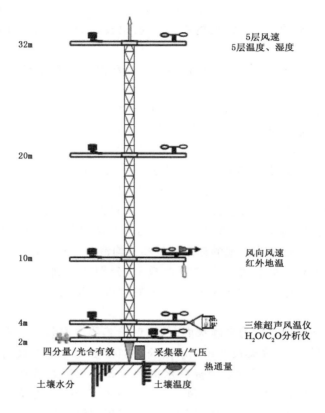

图 3.5　近地层通量观测系统结构示意图

　　观测塔及拉线布局,拉线具体位置应根据地形的需要和当地主导风的情况布设。观测塔的横截面为正三角形,其中一条边与经线平行。三根立柱分别处在北、东、西面。应注意观测塔上各仪器间可能产生的相互影响,以最大限度地减小对通量传感器的影响(图3.6)。

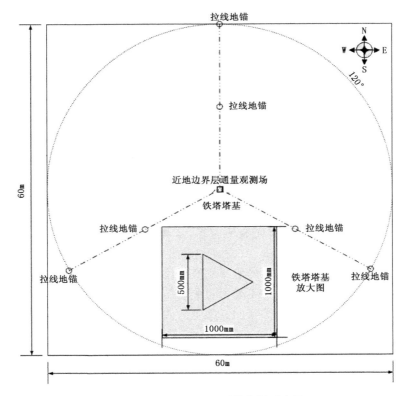

图 3.6　近地层通量观测塔布局示意图

③传感器安装方法

风速、风向观测仪器:风速传感器的风杯感应部分高度必须与同层的温湿度传感器的感应部分在一起。风速、风向传感器固定在测风臂上,距离塔身有一定的要求。对于珩架型测风塔,距离要求为直径结构的 2 倍以上,对于圆柱形铁塔,距离要求为直径 6 倍以上的,测风臂与主导风向成 90°,并进行水平校正。

空气温度传感器:空气温度传感器安装在防辐射罩内,感应元件的顶端为基准部位。传感器与电缆的连接固定牢靠。

空气湿度传感器(湿敏电容湿度传感器):湿敏电容传感器应安装在防辐射罩内,传感器的中心点为基准部位。

辐射传感器:传感器应安装在具有代表性的地方。安装支架时,应注意安装方位在一天中的任何时刻都不能有阴影罩在传感器上。在北半球,传感器应安装在支架的南方。

为了避免设备遮挡土壤表面产生的影响,提高测量的空间平均性,建议传感器安装在距地表至少 1.5 m高处。如果设备安装在距地表 H m 处,那么位于底面的传感器 99% 的输入信号来自一个半径为 $10H$ m 的圆形区域。半径小于 $0.1H$ m 的阴影或表面扰动,将会导致至少 1% 的测量误差。建议传感器安装在距其他设备至少 7.5 m 远的单独的立杆上。

通常采用紧固托架安装传感器,步骤如下:选取合适的高度,安全的地点,把紧固托架安装在立杆上;把传感器的安装臂插进紧固托架安装孔内;调节传感器的水平和竖直位置,使水平仪内的气泡位于空腔的中心位置;应注意不要通过旋转传感器的头部来调节水平,这样会损坏传感器,应调节紧固托架上的固定螺丝,将传感器固定在适当的位置。

光合有效辐射传感器:传感器采用一个基础水平校正仪校正水平。一般有一个水平仪和三个调节螺丝,调节三个调节螺丝,使水平仪内的气泡位于空腔的中心位置。基础水平校正仪可直接安装在三脚架或塔上。

红外地表温度传感器:传感器由固定托盘固定在铁塔或三脚架上,托盘上的固定卡可以调整传感器的目标方向。为了确保红外温度计的可视测量区域为有代表性的下垫面,需要使温度计偏转一个角度以便于测量的准确。

气压传感器:气压传感器一般安装在数据采集器防水箱内,气压传感器必须把感应管引出到大气环境中,并做好消除风扰动的处理。

土壤热通量传感器:传感器直接放置在被测点,尽量水平,注意传感器上标示的"此面向上"标志。

土壤温度传感器(PT100 铂电阻温度传感器):在安装地点做出剖面,温度传感器横向插入需要测量的土壤中即可。

土壤水分传感器(时域土壤水分传感器):探针可以垂直插进土壤里,也可以埋在表层土壤里。探针的安装方法直接影响测量的精度。安装时应尽可能使两个探针平行,保持原设计几何尺寸。建议采用专用安装工具辅助安装传感器,保持研究对象的原始结构成分,避免或减少影响。

三维超声风温仪:传感器都配有专用的安装支架,传感器朝向主风向,安装时要拿稳超声探头的尾部,用扳手固定万向节即可。因三维超声风温仪需测量风速三个方向的分量,因此三维超声风温仪安装时对水平有很严格的要求,水平仪内的气泡位于空腔的中心位置。

红外 H_2O/CO_2 分析仪:分析仪探头稍倾斜,以便降雨时水滴能方便滑落,建议分析仪与超声风速仪的感应部位选在同一高度,相距 20~30 cm。

3.2.3.4　基准辐射观测

(1)总体要求

基准辐射观测是按照国际地面辐射观测网(BSRN)的标准开展的高精度近地层辐射全分量观测。在观象台开展基准辐射观测,提供地表辐射通量的连续、长期和频繁采样的测量,为校正星载仪器、估算地表辐射收支(SRB)和通过大气的辐射等提供数据,为监测地表辐射通量的区域趋势、开发清洁可再生能源等提供支撑。

(2)对应的基本气候变量

地面的地表辐射收支,高空大气的地球辐射收支。

(3)观测项目

基本观测项目:太阳直接辐射、散射辐射、总辐射、大气长波辐射、地面反射辐射和地面长波辐射。

拓展观测项目:太阳紫外辐射、光合有效辐射以及为确定地面辐射收支能力的其他辐射量值以及气温、湿度、风速等相关气象要素观测。

（4）观测环境

观测点具有大于 100 km² 的区域代表性，避开污染源、热源及对辐射观测有不利影响的区域。以站点为中心 20 km 半径范围内的区域，下垫面宜开阔、平整、均一。

（5）观测设备（表 3.7）

表 3.7　基准辐射观测仪器设备配置表

观测项目	观测方式	参考仪器设备	数量	参考品牌选型
太阳直接辐射	太阳直接辐射表	1. CHP1 2. SR30	1	1. KIPP@ZONE 2. Hukseflux
散射辐射	散射辐射表	1. CMP22 2. DR30	1	1. KIPP@ZONE 2. Hukseflux
总辐射	总辐射表	1. CMP22 2. DR30	1	1. KIPP@ZONE 2. Hukseflux
大气长波辐射	大气长波辐射表	1. CGR4 2. IR20	1	1. KIPP@ZONE 2. Hukseflux
地面反射辐射	地面反射辐射表	1. CMP22 2. DR30	1	1. KIPP@ZONE 2. Hukseflux
地面长波辐射	地面长波辐射表	1. CGR4 2. IR20	1	1. KIPP@ZONE 2. Hukseflux
太阳紫外辐射	太阳紫外辐射表	1. SUV-A、SUV-B 2. FS-UV9	1	1. KIPP@ZONE 2. Hukseflux
光合有效辐射	光合有效辐射表	1. PAR-LITE 2. FS-PR	1	1. KIPP@ZONE 2. Hukseflux
太阳跟踪器	太阳跟踪器	1. 2AP-GD 2. HST-2A	1	1. KIPP@ZONE 2. Hukseflux
采集系统	采集系统	CR3000	1	1. KIPP@ZONE 2. Hukseflux

（6）安装

辐射观测设备安装应远离具有高反射比的物体，确保设备之间互不影响。观测仪器的感应面宜安装在同一水平高度，距地面高度不低于 2 m。测量地面长波辐射、地面反射辐射的仪器安装高度视下垫面情况确定。

仪器设施的布置要注意互不影响，便于操作。具备完整的辐射观测要素（总辐射、散射辐射、反射辐射、直接辐射、大气长波辐射、地面长波辐射、紫外辐射和光合有效辐射）的辐射站，在安装辐射表时，全自动太阳跟踪器和辐射表专用支架成南北向排列。辐射表专用支架位于跟踪器南侧，用于安装光合有效辐射表和紫外辐射表。全自动太阳跟踪器位于北侧，用于安装直接辐射表、总辐射表、散射辐射表以及大气长波辐射表。反射辐射表和地面长波辐射表最佳安装位置是空旷场地塔顶的水平横杆上，要求场地的半径是辐射表安装高度的 12 倍。安装要求如下。

①放置太阳自动跟踪器的立杆应牢固，底座能承受一定压力，避免跟踪器在转动中的水平状况发生变化。

②总辐射表、散射辐射表和大气长波辐射表连同各自的通风器均固定在太阳跟踪器的专用平台上，如图 3.7 所示，平台距地面 2 m（±0.1 m），总辐射表放在专用平台最中间位置，防止专用平台在旋转中出现某些不水平的问题。辐射表具体安装步骤如下：先取下通

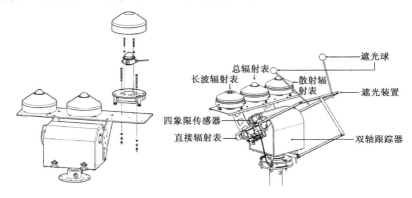

图 3.7　总辐射表、散射辐射表和大气长波辐射表
在太阳自动跟踪器上安装位置示意图

风器外罩,将通风器底座放在太阳跟踪器平台上,通风器缺口朝向与遮光装置相反的方向,用螺丝稍微固定,暂不拧紧;取下辐射表白色外壳和三个水平调节螺丝,将辐射表置于通风器上,接线端朝向与遮光装置朝向相反(即与通风器缺口一致),用专用螺丝将辐射表固定在通风器上;调整通风器上水平调节螺丝,观察辐射表上水准仪将辐射表调至水平;拧紧通风器紧固螺钉;辐射表信号线沿通风器缺口处顺延梳理捆扎,罩上通风器外罩并紧固扣好。安装完成后,散射辐射表和大气长波辐射表整个玻璃罩应正好被遮光。

③直接辐射表安装在太阳跟踪器侧面的专用支架上,如图 3.8 所示,具体安装步骤为:松开前后凹槽上紧固压条的两个固定螺钉,将一个螺钉卸下,把压条旋转 180°,将直接辐射表光筒置于凹槽中,将压条转回原处,并用紧固螺钉拧紧即可;调整直接辐射表安装挂件上的俯仰和左右调节机构,使直接辐射表轴线应与跟踪器的四象限传感器轴线平行,安装完成后,在跟踪器工作状态下,直接辐射表前瞄准器小孔投影应落在后瞄准器光靶上。

④紫外辐射表和光合有效辐射表放置在相应的辐射表专业支架的平台上,接线柱朝正北,用螺钉将辐射表初步固定在平台上,然后利用辐射表上的水准器,调整辐射表水平调整螺丝,使紫外辐射表和光合有效辐射表感应面呈水平状态,然后紧固安装螺钉,紧固过程中应依次轻轻拧紧,反复几次,使辐射表保持水平状态不发生变化。信号线沿支架悬臂捆扎整理。

⑤反射辐射表和地面长波辐射表安装在塔顶东西向悬臂的两端,悬臂的长度 3～4 m,塔体越高悬臂应越长。反射辐射表和地面长波辐射表安装在塔顶悬臂的一端,接线柱方向朝正北,信号线沿悬臂捆扎,避免干扰反射辐射和地面长波辐射观测。仪器的周围应有遮光盘,用于遮挡来自低于地平线 5°以内的太阳直射,图 3.9 为基准站安装示意图。遮光盘的安装方法即将反射辐射表和地面长波辐射表的白色外壳拆下,翻过来安装即可。反射辐射表和地面长波辐射表也必须调平,通常先在一块两面平行的金属板向上安放好辐射表,

调节好水平,固定牢固,然后将金属板翻转 180°后,再用水平尺调节好金属板的水平度,则反射辐射表和地面长波辐射表呈水平状态。

⑥辐射分采集箱安装在北侧立柱上,方向朝正北,距地面 40 cm。

基准辐射站安装整体示意图见图 3.8,仪器较高的置于北侧,较低的置于南侧。

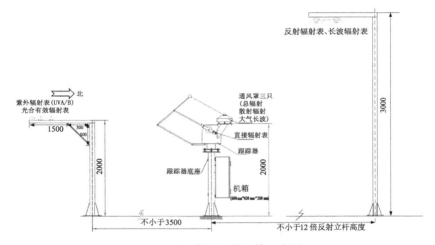

图 3.8　基准辐射站安装整体示意图

反射辐射表和地面长波辐射表安装支架可以选择通量塔,可以不在观测场内,但是要保证其下垫面平整开阔,以 12 倍辐射表安装高度为半径的圆内均匀,没有障碍物。

(7)维护

辐射测量仪器的日常维护是保证设备正常准确运行的重要手段。每周一次或遇到重大天气过程时增加巡视观测场和仪器设备次数。具体维护内容,参照《基准辐射观测业务规范(试行)》(气发〔2007〕484 号)、《辐射观测系统建设技术方案》(气测函〔2019〕51 号)相关内容执行。

①辐射表的光学表面是否清洁,如有尘土、霜、雾、雪和雨滴时,

应用镜头刷或麂皮及时清除干净,注意不要划伤或磨损其光学表面,长波辐射表球冠形外罩的表面镀有一层褐色的保护罩,清洁时更应小心,切勿划伤。

②玻璃罩和进光窗口不能进水,罩内也不应有水汽凝结物。检查干燥器内硅胶是否变色(由蓝色变成红色或白色),如果变色要及时更换。受潮的硅胶可在烘箱内烤干变回蓝色后重复使用。

③向上放置的辐射仪器是否水平,感应面与玻璃罩是否完好等。

④检查直接辐射表跟踪是否准确(对光点),如果跟踪不准,应及时进行调整。

⑤散射辐射表和大气长波辐射表,巡视时要注意检查遮光球阴影是否完全遮住仪器的感应面与玻璃罩,否则应及时调整到相应的位置上,使遮光球全天遮住太阳直接辐射。

⑥要注意保持向下安装的辐射仪器(反射辐射表和地面长波辐射表)的下垫面的自然和完好状态。平时不能踩踏草面,降雪时要尽量保持积雪的自然状态。

⑦对全自动太阳跟踪器,检查四象限传感器玻璃窗口是否清洁,清洁方法同①,如窗口内侧有水汽凝结现象,应及时更换四象限传感器;定期查看跟踪器运动部件是否有卡滞,仪器固定稳定、紧固件有无松动脱落,内部传动机构响声是否正常。跟踪器上安装的辐射仪器导线一直处于运动状态,容易损伤,检查导线是否有损伤,连接是否可靠。

⑧通风加热器内的风扇每年应清洗、润滑或更换;如通风器报警时,表示风机已经停转,应及时更换通风器或通风器电机。

⑨如遇强雷暴等恶劣天气时,应加强巡视,发现问题及时处理。

⑩辐射测量仪器应按规定进行计量检定,不得使用未经检定、超过检定周期或检定不合格的仪器设备。

3.2.3.5　地基遥感廓线观测

3.2.3.5.1　总体要求

地基遥感廓线观测是获取近地层和边界层高时空分辨率的连续大气变量垂直廓线的主要手段。在观象台开展地基遥感廓线观测,提供边界层大气结构和状态监测信息,为模式发展、灾害性天气监测及机理研究等提供基础数据,同时为卫星观测校验提供支持。

3.2.3.5.2　对应的基本气候变量

地面和高空大气的温度、湿度,风速和风向,水汽,云特征,降水,闪电;大气成分的气溶胶。

3.2.3.5.3　观测项目

温度廓线、湿度廓线、水汽廓线、水凝物廓线、风廓线、气溶胶廓线。

(1)温度廓线,测量仪器上方各垂直高度上的大气亮温,反演垂直方向温度廓线,测量高度不低于 10 km。

(2)湿度廓线,测量仪器上方各垂直高度上的大气亮温,反演垂直方向湿度、水汽密度廓线,测量高度不低于 10 km。

(3)水汽廓线,观测中性大气的总延迟量、大气的湿延迟量、大气整层水汽总含量(大气可降水汽量)、电离层电子浓度(TEC),反演计算水汽廓线。

(4)水凝物廓线,测量仪器上方垂直高度上的云高、云厚、相态、大小、速度、谱宽、液态水含量等,要求 80 km 范围内有天气雷达观测。

(5)风廓线,测量仪器上方各垂直高度上的风向、风速和大气的垂直运动,测量高度不低于 12 km。

(6)气溶胶廓线,测量仪器上方垂直高度上大气气溶胶消光系数、后向散射系数、粒子退偏比、颗粒物浓度、云高、光学厚度、边界层高度和能见度等参数,测量高度不低于 10 km。

3.2.3.5.4　观测环境

(1)温度、水汽廓线

温度、水汽廓线包含微波辐射计、GNSS 水汽观测仪等设备。

①微波辐射计安装环境

微波辐射计可以安装在地表面上(混凝土地面、沥青地面或其他坚固的地面上)或建筑物的屋顶。

选择一片天空观测区域。使天线从正北到天空,再从天空到正南观测时均没有被障碍物如高山、树、建筑物等遮挡住,从而使天线仰角能在一般操作情况下旋转 180°,进行全天空扫描。天线透过天线罩观测天空,因此仰角是在一个与天线罩正交的平面上变换的。为得到最佳 TIP 校准性能,在 25°仰角以下安置天线是比较好的。为防止地球表面辐射干扰 TIP 校准,若在 20°操作仰角平面内,5°以上不应有障碍物干扰。若安装可选方位角定位仪后,在所有所需的方位角上,5°仰角范围内不应有任何障碍物,以避免造成方位角偏差。

选择坚固的地面来安装和固定三脚架。安装仪器的地表面不要求必须是水平面,但它必须稳固,使其可以在长时间不断变化的风力作用下使仪器保持水平。

②GNSS 水汽观测环境

接收天线安置点距离大功率的无线电发射台和高压输电线不小于 200 m,以避免周围磁场对 GPS 卫星信号的干扰。

周围障碍物对 GPS 天线的遮挡角小于 10°。

避开铁路、公路等易产生振动的地点。

观测站附近不应有大面积水域,以及发射(吸收)强烈电磁波的物体,以避免多路径效应的影响。GPS 站应建立在刚性块体上。

(2)水凝物廓线

水凝物廓线包含云雷达、全天空成像仪、云高仪等。

①垂直型云雷达安装环境

海拔高度应低于 5000 m。

以雷达天线为中心,半径 10 m 范围内应无高大建筑物,以保证在雷达的观测方向上无遮挡,垂直方向 10°内无遮蔽。

应尽量选择地面坚实平整的位置,地面平整度不大于 3°方便雷达系统调平,必要时可以将架设场地硬化并浇筑水泥平台。

在选择阵地时要考虑远离易发生自然灾害的场所,注意防洪、防雷击、防止山体滑坡泥石流等。

在选择观测阵地时不仅要考虑充分发挥雷达的探测性能(如视

野开阔无遮挡、无电磁干扰),还应兼顾其他重要因素(如交通运输便利、通信网络连接快速畅通、市电供给便利、有水源供应、生活条件良好),满足雷达运行、远程操控等基本需求。

②扫描型云雷达安装环境

应尽量避开对雷达工作有影响的矿物地区。

应尽量避开风口、落雷密集区、避开山洪、泥石流、滑坡等自然灾害的环境。

避免电力工程、广播、电视、通信电台(站)等干扰。

周围应无高大建筑、树林、山峰等影响天线探测的遮蔽物。

(3)风廓线

①场地要求

场地距离铁路路基应大于 200 m(距离电气化铁路路基应大于 100 m),距离公路路基应大于 30 m,距离水库等大型水体(最高水位时)应大于 100 m。周围建筑物、树木等对风廓线雷达的阵面遮蔽角一般应小于 40°(以天线反射面中心为基准点,反射面为基准平面)。若安装有 RASS,应尽量远离居民区。

②无线电环境要求

风廓线雷达安装工作区周围的大功率电磁波辐射设备、供电设备、机械设备、照明设备、空调设备、避雷设备等,在正常使用条件下工作时,其电磁环境不能影响风廓线雷达的正常工作。

距离无线电发射塔应大于 1 km。一般发射塔的天线多为全向天线,在某些工作方式下其发射带宽很宽,当其发射频谱落入风廓线雷达工作带宽之中时,有可能对风廓线雷达造成严重干扰,甚至导致雷达无法正常工作。

距离其他微波发射源应大于 1 km,在 $f0 \pm 10$ MHz($f0$ 为风廓线雷达工作频率)的频率范围内,要求电磁环境场 $E \leqslant 10$ dBμV/m(镜像频率相同)。

③安全环境要求

风廓线雷达的工作机房、天线阵、电缆通道等采用防雷和防静电措施后,不应对风廓线雷达产生不良影响。

风廓线雷达周围不得存放易燃、易爆和有害气体。

风廓线雷达接地电阻应小于 4Ω。

风廓线雷达环境应有防火防盗和防破坏措施。

④架设场地要求

保证风廓线雷达运输车辆的进入、转弯、调头和停放,满足 10 吨卡车作业的需要。

保证吊装设备的活动及存放。

保证风廓线雷达设备的存放、转移。

保证风廓线雷达附属设备的存放、转移。

架设场地的地面应平坦坚实,便于各种设备的移动。

架设场地至风廓线雷达吊装起吊点必须有宽 5 m 以上的通道,以便铲、吊设备进出。

架设场地应具有良好排水能力。

架设场地应具有较好的照明设备,以便夜间工作。

机房库房内放置包装器材及附件等。

(4)气溶胶廓线安装环境

气溶胶激光雷达具有扫描功能,因此必须保证在扫描范围内及三维扫描模式下无高大建筑等遮挡物。激光雷达系统安装场地应保证基本平坦,面积应大于激光雷达系统箱体尺寸,建议 $\geqslant 1$ m$\times 1$ m。场地应平整、易排水、便于系统安装和维护。

(5)闪电定位安装环境

安装场地宜平坦空旷,附近应无高山或峡谷。闪电探测仪 30 m 范围内地平度应小于 $\pm 1°$,300 m 范围内地平度应小于 $\pm 2°$。不宜将闪电探测仪安装在建筑物顶部。

闪电探测仪四周障碍物对甚低频、低频频段闪电探测天线形成的遮挡角不应大于 10°。

闪电探测仪基座应结构稳定,宜安装在钢筋水泥结构支架上或金属支架上。

3.2.3.5.5　观测设备(表 3.8)

表 3.8　地基遥感廓线观测仪器设备配置表

观测项目	观测方式	参考仪器设备	数量	参考品牌或生产商
水汽廓线 温度廓线	微波辐射计	1. MP-3000A 2. RPG-HATPRO 3. QFW6000 4. MWP967KV		1. RADIOMETER 2. RPG-HATPRO 3. 上海联赣光电科技有限公司 4. 北方天穹信息技术(西安)有限公司
水汽含量	GNSS 水汽观测仪	TRIMBLE AL-LOY GNSS 接收机＋天线	1	天宝
水凝物廓线	Ka 波段云雷达	1. YLU1 2. ZHD_KFS 3. YW-KA1 4. HMB-KPS 5. 714KaDP 6. GLC-34	1	1. 西安华腾微波有限责任公司 2. 无锡智鸿达电子科技公司 3. 成都远望探测技术有限公司 4. 航天新气象科技有限公司 5. 成都锦江电子系统工程有限公司 6. 南京恩瑞特实业有限公司
	全天空成像仪	DUH1	1(选配)	江苏省无线电科学研究所有限公司
	云高仪	1. CL31/51 2. DUJ1	1(选配)	1. VAISALA 2. 凯迈(洛阳)环测有限公司

观测项目	观测方式	参考仪器设备	数量	参考品牌或生产商
风廓线	对流层风廓线雷达	1. WP-6000 2. TWP 3. GLC 4. CFL	1	1. 安徽四创电子股份有限公司 2. 北京敏视达雷达有限公司 3. 中国电子科技集团公司第十四研究所 4. 中国航天科工集团第二研究院二十三所(北京无线电测量研究所)
气溶胶廓线	气溶胶激光雷达	1. DSL-A 2. AGHJ-I_LIDAR 3. EV-Lidar-CAM	1	1. 深圳大舜激光技术有限公司 2. 无锡中科光电 3. 北京怡孚和融
闪电	闪电定位仪	ADTD	1	华云东方

3.2.3.5.6　安装维护

（1）温度、水汽廓线

温度、水汽廓线包含微波辐射计、GNSS水汽观测仪等。

①微波辐射计安装

当微波辐射计和控制电脑的位置选好后，应对三脚架的锚定以及布线电缆的具体安装制定出一套方案。如果此安装位置是永久性的，应考虑使用电缆的外包导管。此导管将帮助保护电缆预防老鼠的啃噬，以及水汽和雷电引起的短路。注意：如方便的话，在任意联结点上使三脚架的某个部分可靠接地。

在安装微波辐射计之前，安装平台必须使用带气泡的（或类似的)水平校准仪来调节 TP－2000 三脚架水平。为确保地测量得到准确的天线仰角和 TIP 校准数据,仪器放置必须水平。当三脚架已经安装在事先选好的地点,而三脚架顶端的金属板没达到气泡的1/8水平时,视需要调整伸缩式三脚架的长度,从而使其水平。首先,在同一平面上调节三条"腿"的水平长度;用"1/4"通用扳手松开"腿"中间部分的轴承,下面一部分管子便可以进入到上面的管子中去。为调整"腿"的长度,根据需要把下面的管子向上或向下移动。当气泡处在仪器的中间部位时,旋紧轴承即可。根据需要重复以上动作使三脚架顶端的金属板在各个方向上完全水平。

在地面或建筑物的屋顶固定三脚架。在仪器的底部中心位置有一个锚定链及螺丝扣,它和地表面的有眼螺栓相连固定三脚架,从而能使仪器更稳固、更灵活。尤其是当仪器的高度需要反复调整时,这种方法就显得特别有用;而如果高度和位置是永久不变,则应对每个三脚架脚部的锚定拴加以固定。在固定三脚架之后,应再次检查其是否水平。若此时出现气泡未在 1/8 以内,视需要松开链条和/或脚部螺栓,之后调节其水平,最后旋紧所有部位。

为确保安全操作,电源线必须与接地插座相连。正常情况下提供的电源线应该已配备与该地区所用插座相匹配的连接器。

为防止接地出现问题,在从微波辐射计上断开数据电缆之前,应先把电源线从总电源上拔出。在移开微波辐射计外罩时,控制面板和电源之间将会产生静电,因此只有专业人员才能维修或检查此设备。

在微波辐射计底部,鼓风机的尾部上面有连接电缆的控制面板。

②GNSS 水汽观测仪安装

GNSS 观测墩一般为钢筋混凝土结构,依据建站地理、地质环境,观测墩可分为基岩观测墩、岩石观测墩、土层观测墩和屋顶观测墩四类。

根据地质条件、周边环境条件,具体设计观测墩。

基岩、岩石和土层观测墩应高出地面 2 m,一般不超过 5 m;对于屋顶观测墩,高度应大于 1.5 m。

基岩、岩石和土层观测墩应加装防护层,防止风雨与日照辐射对观测墩的影响。

对于基岩观测墩,内部钢筋与基岩紧密浇注,浇注深度不少于0.5 m。

对于岩石观测墩,钢筋混凝土墩体应埋于解冻线 2 m 以下。

对于土层观测墩,钢筋混凝土墩体应埋于解冻线 2 m 以下。

对于屋顶观测墩,内部钢筋应与房屋主承重结构钢筋焊接,结合部分应不少于 0.1 m。

观测墩应浇注安装强制对中标志,并严格整平,墩外壁应加装(或预埋)适合线缆进出硬制管道(钢制或塑料),起保护线路作用。

基岩、岩石和土层观测墩与地面接合四周应做不低于 5 cm 左右的隔振槽,内填粗沙,避免振动带来的影响。

屋顶观测墩与屋顶面接合处应做防雨处。

应对观测墩的稳定性进行监测。

观测墩及天线应进行雷电防护系统建设。

GPS/MET 接收机、数据处理等设备,放置在值班室内。

(2)水凝物廓线

水凝物廓线包含云雷达、全天空成像仪、云高仪、天气雷达等。

①云雷达安装

I毫米波测云仪(垂直)安装

雷达系统运抵现场架设,将机柜和天线分体运输至架设现场。之后将电子机柜搬放至水泥平台,注意优化电子机柜位置,方便雷达系统观测,不妨碍机柜门开关。将天线分系统安装固定至机柜,注意天线的正确安装角度,同时连接波导,紧固螺钉螺母(图3.9)。图3.10 为毫米波测云仪硬件系统架设流程图。图 3.11 为雷达系统架设示意图。

机柜调平:观察电子机柜内部的水平气泡,通过安装于机柜底部的调平装置,将电子机柜调平。

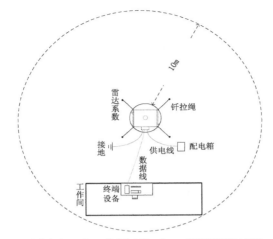

海拔小于5000米　　遮蔽角小于0.5°　　地面不平整度小于3°

图 3.9　毫米波测云仪架设示意图

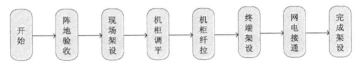

图 3.10　毫米波测云仪硬件系统架设流程图

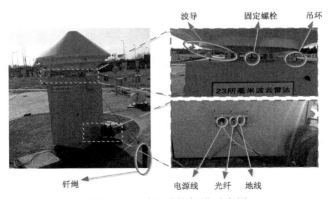

图 3.11　雷达系统架设示意图

机柜钎拉:打钎绳固定雷达系统,将四个钎绳固定于电子机柜四个吊环上,用铁锤将四个钎子楔进土地,使其分别从四个角度受力拉紧雷达系统,保证雷达系统的稳固。

完成雷达设备架设后,应检查确认系统电缆是否连接正确,模块紧固螺钉有无松动情况,以保证供电运行时的安全。

终端架设:终端设备架设,将交换机、工控机、显示器、鼠标、键盘、网线等按照常规连接,其中工控机与交换机需要网口连接,并注意网端设置。同时将设备电源线连接好。

网电接通:供电线接入配电箱后按照地零火分别接入市电,注意接电安全;数据线进入工作间将其插入光电交换机的观光模块中;地线应与地网连接,并测量接地电阻。

II 毫米波测云仪(扫描)安装

混凝土硬化地面要求

选择阵地应选坚实混凝土地面,面积≥3 m×3 m;

地面能承受的压强≥57 N/cm²;

地面倾斜度≤2°(图 3.12)。

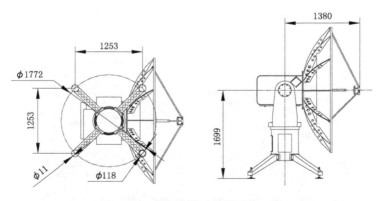

图 3.12 毫米波测云仪装置接口图

电源供电要求

电压：单相 220 V（1±10%）；

频率：50 Hz（1±5%）；

耗电量：≤4 kW。

通信要求

建议铺设光纤，条件不允许的阵地可考虑无线扩频模式。

铺设单模单芯铠甲光纤，FC 接口。

采用无线扩频通信，带宽≥4 Mbps。

毫米波测云仪，安装时需要在水泥底座四个角落上安装天线固定拉丝，用于固定雷达，防止大风吹倒（图 3.13）。水泥中间应留有直径 50 cm 的走线和供电空用于设备供电和数据传输，垂直观测水泥尺寸大小为 1.5 m×1.5 m×0.5 m，扫描观测时尺寸大小为 3 m×3 m×1 m，具体如图 3.14 所示。

图 3.13　雷达接口示意图

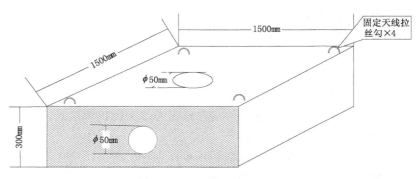

图 3.14　毫米波测云仪水泥底座

②全天空成像仪安装

全天空成像仪是通过获取全天空图像实现云量自动化观测的专业设备。获取完整清晰的全天空图像是保证设备观测精度的前提条件,所以设备的安装场地尽量选择较为开阔的区域,尽量避免周围有较高的建筑物或者树木。设备通过可见光和红外两个波段对全天空进行成像,有两个水平向上的成像镜头,长期室外使用存在污损等情况,需要定期清理维护,以保证获取图像的清晰度。据此,设定了以下设备安装与维护要求。

安装要求

场地尺寸:如图 3.15 所示,设备支撑架尺寸为 600 mm × 600 mm,安装场地能提供满足上述尺寸的草地或者水泥硬地均可。

平整度:安装地面尽量选择较为平整的区域,设备支撑架底部的调平支脚的高度优化范围为 5 cm,所以要求与支撑架接触的地面高度落差不超过 5 cm,以保证设备能够水平安装。

遮挡要求:尽量选择空旷的位置安装,至少保证 20 m 范围内无高遮挡物。

电源:需要安装场地内配有供电箱,供电箱内提供交流 220 V 50 Hz 市电,且供电箱距离设备不超过 5 m,超过 5 m 以上需提前告知厂家提供加长电源线。

图 3.15 设备安装效果图

网络:设备需要通过网络发送观测结果,设备内部配备了 4 G 无线网络模块。如果需要将设备的观测结果发送至当地 FTP 服务器,需要提供接入当地 FTP 服务器的有线网络接口和网线。

串口通信:设备满足《地面气象要素编码与数据格式》(GB/T33695—2017)要求,可以通过串口发送观测结果。为保证通信质量,要求场地提供的串口接入点距离设备不要超过 5 m。

维护要求

镜头保洁:镜头属于易污部件,且对观测结果有重要影响,需要保持该部件清洁。建议每周擦拭一次可见光镜头护罩和红外镜头,当镜头上有落叶、鸟粪等遮挡物时需要及时擦拭清理。擦拭可见光镜头护罩和红外镜头时,先使用纸巾蘸水轻擦去除污迹,再用干纸巾擦除水迹,擦拭力度要轻,尽量避免擦拭过程中在镜头表面产生划痕。

护罩更换:可见光成像镜头保护罩建议每月更换一次,以保证成像清晰度。更换方法如下:1 取下风道罩,2 旋下银色压紧环,3 取下镜头保护罩,4 安装新镜头保护罩,5 旋紧银色压紧环,6 盖上风道罩。具体部件名称见图 3.16 和图 3.17。

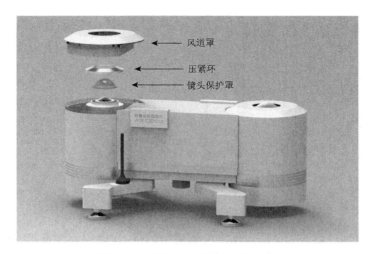

图 3.16　更换可见光镜头罩示意图

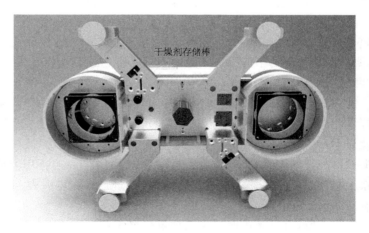

图 3.17　更换可见光镜头罩示意图

整机保洁:每月擦拭一次设备外壳,保持设备整洁。

更换干燥剂:为防止设备内部结雾及延长设备使用寿命,须保持设备内部干燥,在设备底部有透明的干燥剂存储棒,正常状态存储棒内的干燥剂是蓝色状态,此时干燥剂具有除湿能力,当干燥剂变为粉红色,说明干燥剂已经失效,不再具有除湿能力,需要更换干燥剂。干燥剂更换方法如下:旋下透明的干燥剂存储棒,将已经失效的粉红色干燥剂倒出,换入新的蓝色干燥剂,再将干燥剂存储棒旋入机体,并旋紧。

全天空成像仪,安装时需要在水泥底座四个角落上安装固定支架的螺钉,可以在安装时用膨胀螺钉,也可以预埋件,用于固定全天空成像仪,防止大风吹倒。水泥中间应留有直径 50 cm 的走线和供电空用于设备供电和数据传输,水泥尺寸大小为 0.6 m×0.6 m×0.3 m,具体如图 3.18 所示。

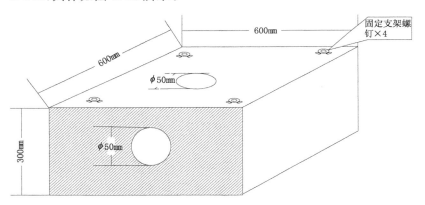

图 3.18　全天空成像仪水泥底座

观测场地应有电缆沟和线缆沟,配电要求应≥220 V、10 A,用于毫米波测云仪用和全天空成像仪供电需求。

云雷达和全天空成像仪观测场安装布局:按照地面观测规范和观测场布局要求,将毫米波测云仪和全天空成像仪放在观测场云观测区域,如图 3.19 所示。

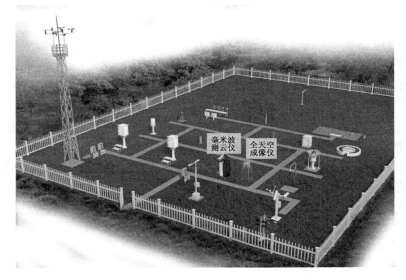

图 3.19　云雷达和全天空成像仪观测场安装布局效果图

③天气雷达安装

水凝物廓线—天气雷达，X 波段天气雷达应满足《局地天气雷达选址规范》和《观测司关于印发 X 波段双线偏振多普勒天气雷达系统功能规格需求书（第一版）的通知》，S 波段天气雷达应满足《新一代天气雷达选址规定》《新一代天气雷达基础运行环境建设规范》和《新一代天气雷达观测规定（第二版）》。

（3）气溶胶廓线

①气溶胶激光雷达安装

选择安装现场时，建议选择开阔的地带：没有高树、高架电缆和可能使能见度测量线路弯曲或移动的天线。如果要将颗粒物激光雷达安装到雷达或其他功率强大的无线电发射器附近，将测量单元门放置于远离这些信号源的位置。

地基基础大小为 0.7 m×0.8 m，如图 3.20 所示。

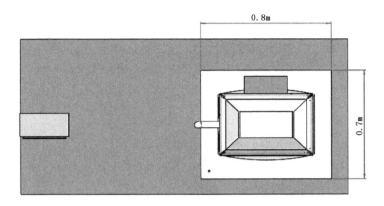

图 3.20　地基俯视图

②配电的建设

激光雷达的耗电功率:500~1000 W。

激光雷达系统的配电箱:激光雷达供电的输入是 220 VAC 单相电源,50 Hz,10 A。

交流稳压器:如果设备供电稳定度超过±10%,应给激光雷达加装交流稳压器,保护设备免受损坏。

③通信要求

为了满足激光雷达基数据、数据产品、图形产品等实时传输要求和实现激光雷达远程视频监控、故障诊断功能,根据传输的信息量估算,建议在激光雷达安装站点和最终用户平台之间建立 10 Mbps 的通信传输线路。

④防雷设施

在设备安装场地附近,应布置相应的防雷设施以确保激光雷达系统免遭雷击。一般要求:接地电阻≤5Ω;所有金属外壳做等电位连接;安装场址内应装设防直击雷避雷针;避雷针应距离设备大于 3 m。

(4)风廓线雷达安装

①天线阵面建设要求

　　场地建设：天线阵面场地为水泥地，占地面积由风廓线雷达天线面积的大小决定，承重要求由天线总质量确定。最大探测高度不低于 6 km 的风廓线雷达相控阵天线包括电磁屏蔽网占地面积约为 60 m²，最大探测高度不低于 3 km 的风廓线雷达相控阵天线包括电磁屏蔽网占地面积约为 30 m²（图 3.21）。

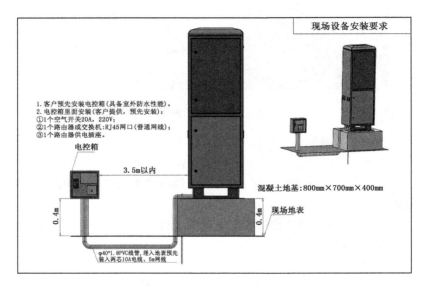

图 3.21　安装要求示意图

　　天线阵面场地应平整、易排水、便于天线的安装和维护。

　　场地布局：天线阵面场地由天线阵、屏蔽网、设备机房组成（图 3.22）。一般应在屏蔽网的外侧建设设备机房（如有 RASS 系统，可在天线阵面四边上对称安装 RASS 天线）。为减少占地面积，对于部分具备条件的风廓线雷达，其天线阵和屏蔽网也可安装在设备机房顶部。

　　场地照明：场地的四周应安装照明灯，以便夜间维修工作。

　　屏蔽网：安装屏蔽网是保证人员和设备的安全，降低地物杂波和

图 3.22　风廓线雷达系统场地布局示意图

其他干扰源的影响。屏蔽网作为风廓线雷达的附属设施,由设备供应商按技术指标提供。

②设备机房建设要求

一般要求:设备机房用来存放室内机柜和前端的数据收集和处理设备,占地面积不小于 20 m²,距电磁屏蔽网小于 10 m。设备机房至阵地的线缆通过走线支架安装固定,有金属屏蔽管道。设备机房采用防静电活动地板,地板下面铺设电缆,地板面距水泥地坪 100 mm。

温度要求:为保证风廓线雷达设备的正常工作和操作使用人员的良好工作环境,提供空调(冷暖)一台,保证设备机房温度在 5～30℃。

③配电建设要求

风廓线雷达所需电量:风廓线雷达整机所需的电量为 10 kW(不含空调)或 3 kW(不含空调)。

　　设备配电箱:风廓线雷达设专用配电箱,放置于设备机房内,为整个雷达系统供电。

　　设备机房的四周墙壁应设有若干个三相及单相电源插座。

　　设备机房的电源进线应为 3 相 5 线制。

　　电源稳定度要求。电压:380 V±10%,220 V±10%;频率:50 Hz±5%。

　　上述电源送至机房的配电箱内,配电箱开关有过载保护装置。

　　照明和空调供电由基建另行考虑,在设备用电基础上增加容量。

　　供电稳定度超过±10%,应加装交流稳压器,保护设备免受损坏。

　　停电时,由 UPS 或备份电源供电,UPS 功率应与风廓线雷达功耗相匹配,UPS 供电时间应不小于 30 分钟。

　　④通信要求

　　为了满足风廓线雷达基数据、数据产品、图形产品等实时传输要求和实现风廓线雷达远程视频监控、故障诊断功能,根据传输的信息量估算,在风廓线雷达站点和气象台站之间必须建立至少 2 Mbps 的传输线路。

　　⑤防雷要求

　　按照中国气象局有关防雷技术规范建设。

　　(5)闪电定位仪安装

　　闪电探测仪基座应结构稳定,宜安装在钢筋水泥结构支架上或金属支架上。

　　应采取防直接雷击和防雷击电磁脉冲的措施。

　　直击雷防护接地电阻应不大于 4Ω,高山、海岛等接地电阻可以适当放宽,但应敷设环形地网,环形地网等效半径不小于 5 m,并使用四根以上导体与基础接地网连接。

　　雷击电磁脉冲的防护,应做好屏蔽措施、等电位连接、电涌保护措施等。

3.2.3.6　生态系统监测

（1）总体要求

生态系统监测是对气候系统中与生态相关的因子和变量进行观测评估。在观象台开展生态系统监测，围绕区域生态文明建设需求和生态系统监测重点任务，开展山、水、林、田、湖、草、沙、海、城、气等生态系统监测，积累长序列生态系统监测资料，为生态系统相关机理研究和持续改善方法研究等提供数据支撑。

（2）对应的基本气候变量

包括大气、海洋、陆地的所有基本气候变量。

（3）观测项目

根据《中国气象局关于印发〈生态系统气象观测站网布局指南〉的通知》（中气函〔2018〕335 号）中生态系统气象观测能力建设需求和布局要求，开展相应的生态系统监测。生态观测要素主要包括大气特征、群落特征、土壤特征、水文特征等内容。

（4）观测设备（表 3.9）

表 3.9　生态系统监测仪器设备配置表

观测项目	观测内容	观测仪器参考
基本气象要素	温、压、湿、风、降水、蒸发、能见度等	自动气象站、气候站、梯度观测塔
	云高、云量	激光云高仪、云雷达
	天气现象	天气现象视频智能观测仪、实景观测系统
	日照	自动日照计
	总辐射、散射辐射、直接辐射、净辐射量、紫外、光合有效辐射	辐射表
	瞬时三维风速、水汽、温度、CO_2浓度、气压、水汽通量、CO_2通量、热量通量与动量通量	涡度相关系统

观测项目	观测内容	观测仪器参考
基本气象要素	闪电	闪电定位仪、大气电场仪、全视野闪电通道成像系统
	温、湿廓线	无线电探空、微波辐射计、拉曼激光雷达
	风廓线	激光测风雷达、风廓线雷达、探空雷达
大气生态环境	气溶胶 PM_{10}、$PM_{2.5}$ 质量浓度	振荡微天平法颗粒物质量浓度仪 β 射线法颗粒物质量浓度仪 光学散射法颗粒物质量浓度仪 激光气溶胶雷达
	气溶胶粒径谱	扫描电迁移气溶胶粒子谱仪 空气动力学粒径谱仪
	气溶胶黑碳质量浓度	黑碳灰度仪
	气溶胶散射系数	积分浊度仪
	气溶胶消光系数	颗粒物消光仪
	气溶胶光学厚度	太阳光度计(CE318)
	气溶胶化学成分	膜采样器、高精密天平及试验室分析系统(碳分析仪、荧光光谱分析系统、离子色谱系统、原子吸收光谱系统等)
	气溶胶特性垂直廓线	气溶胶激光雷达
	CO_2、CH_4、N_2O、N_2O	光腔衰荡光谱观测系统
	SF_6	气相色谱观测系统
	温室气体垂直廓线	温室气体探空系统
	CO	一氧化碳分析仪 光腔衰荡光谱观测系统
	SO_2	二氧化硫分析仪

续表

观测项目	观测内容	观测仪器参考
大气生态环境	氮氧化物	氮氧化物分析仪
	地面臭氧	地面臭氧分析仪
	挥发性有机物	气相色谱观测系统
	多环芳烃	气相色谱观测系统
	过氧乙酰硝酸酯	气相色谱观测系统
	反应性气体垂直廓线	多轴差分吸收光谱观测系统 反应性气体激光雷达
	臭氧柱总量	臭氧分光谱仪
	臭氧垂直廓线	臭氧分光谱仪 臭氧激光雷达 臭氧探空仪
	酸雨	pH 计、电导率仪 酸雨自动观测系统
	降水化学	离子色谱系统 降水化学自动观测系统
	空气负离子	空气负离子自动测量仪
	花粉	花粉浓度采样与分析系统 花粉自动测量系统
	大气干湿沉降	干湿沉降采样仪
水文	蒸发蒸腾观测	大型蒸渗仪
	地表径流	径流场或径流仪
	水深	水深测量仪
	水位	自记水位计
	流速	便携式流速仪
	水温	水温观测仪
	水色	水色计

续表

观测项目	观测内容	观测仪器参考
水文	水透明度	透明度盘
	水温、浊度、pH、电导率、氮、磷、氨氮、化学耗氧量等	多参数水质自动分析系统
	波高、波向	测波仪、地波雷达
	盐度	盐度计
土壤	土壤水分	自动土壤水分观测仪
	土壤温、湿度	土壤温湿度仪
	土壤 pH	取样试验室观测
	土壤 C/N/P	取样试验室观测/元素流动分析仪
	土壤质地	取样试验室观测
	土壤呼吸	土壤呼吸自动观测仪
	冻土含水率、冻土密度、多年冻土的上限深度等	冻土器等
	风蚀	风蚀通量观测系统
	土壤碳	重铬酸钾氧化—外加热法(1 次/3 年)
植被	物候	人工观测/遥感观测
	叶绿素	叶绿素含量测定仪
	覆盖率	人工观测或卫星遥感
	地上生物量	人工观测
	地下生物量	人工观测
	叶面积指数	叶面积指数仪
	植物光合参数	光合作用仪
	植物营养成分	近红外植物营养成分分析仪
	地物光谱	地物光谱仪
	生产力	模式估算
	林间腐殖质层厚度	人工观测

观测项目	观测内容	观测仪器参考
植被	森林群落结构	人工观测
	耕作制度:复种指数、轮作制度、耕作方式;主要作物肥料/农药/除草剂等的名称、施用量、施用时间和方式;灌溉时间、灌溉方式、灌溉量	人工观测记录
	作物生长长势:密度、单株总茎数、群体株高、叶面积、地上部鲜/干重、叶干重、茎干重;主要作物长势;耕作层根生物量	人工观测、长势观测相机、遥感、无人机
	作物收获期性状:密度、单穴(株)总茎数、穗数(单位面积)、群体株高、每穗粒数、每穗实粒数、千粒重、地上部总干重、籽粒干重	人工观测
	作物产量	人工观测
	作物光合蒸腾	光合作用观测仪
	作物品质:能量、碳水化合物、蛋白质、膳食纤维、水分、维生素、脂肪、磷、钾、钙、钠、镁等矿物质	实验室分析
动物	兽类:种类和分布、种群数量和密度、栖居生境类型及质量、出生率和死亡率	人工观测
	昆虫、鸟类、两栖类:种类和分布、种群数量和密度、栖居生境及质量	人工观测
	昆虫迁飞路径、密度、种类、范围	人工观测、雷达

续表

观测项目	观测内容	观测仪器参考
灾害	滑坡	人工观测、实景观测、遥感观测、无人机
	泥石流	人工观测、实景观测、遥感观测、无人机
	旱情	自动土壤水分站、遥感观测、人工观测
	火险	卫星、无人机、天气雷达观测
	病虫害	卫星、无人机、人工观测
湖泊	微生物	生物显微镜
	水体污染	社会调查、无人机
	蓝藻水华	卫星遥感
	湖泊总面积、水源类型、生物状况等	卫星遥感、社会调查
	海水叶绿素	海洋气象锚碇浮标
	活动层厚度	人工
冰冻圈	冻土多层温度	土壤温湿度计
	含水量	土壤温湿度计
	NDVI	—
	碳通量	人工
	雪厚度	SR50
	冰流速	
	水文要素	水位计

3.2.3.7 大气成分观测

（1）总体要求

大气成分观测是全球气候观测系统中大气领域的重要观测任

务。观象台开展大气成分基本变量观测,积累长序列观测数据,为有关数值模式发展、机理研究及大气环境监测等提供数据支撑。

（2）对应的基本气候变量

二氧化碳,甲烷,其他长生命周期温室气体,臭氧和气溶胶及其前体物。

（3）观测项目

基本（通用型）观测项目

在线连续观测为主,开展包括气溶胶（大气气溶胶质量浓度、吸收特性、散射特性）、地面臭氧（侧重于人类活动影响较大的主要经济区域）、器测能见度和 UV 辐射等观测。

拓展（扩展型）观测项目

在通用型观测项目基础上,扩展以下观测项目:

①气溶胶观测:气溶胶光学厚度连续观测、气溶胶化学组成观测与分析、气溶胶垂直分布观测。

②温室气体及相关微量成分观测:包括碳循环温室气体采样观测、卤代温室气体采样观测;CO_2、CH_4、CO、N_2O、SF_6 及卤代温室气体在线观测。

③反应性气体:增加开展 SO_2、$NO/NO_2/NO_x$、CO 和 NH_3 的在线连续观测、NO_y 和 VOC 观测。

④降水化学:降水的化学成分观测分析。

⑤臭氧:臭氧探空。

（4）观测环境

全国大气成分观测站应具有较大地理尺度的区域代表性,观测结果应能代表所在区域主要因人类活动导致的大气成分本底浓度及其变化、物理化学特性及输送的平均状况。

站点应位于或临近不同区域人类活动和社会发展的中心区域,但应远离中心城市在 100 km 左右;站点应选择在主导陆地生态区以及高出树线的相对高地（一般应比区域平均海拔高出 500～1500 m）,应位于相对当地海拔的一个相对高地（高出 50～500 m）,在大范围较平坦地表设立的观测站,应选择高大建筑物或通过铁塔等架高观测平台,使观测的结果尽可能多地代表较大范围或区域大气的平均状况。

站址 10 km 左右半径范围内应尽量避免人为源或局地自然源的影响;站址 30 km 左右半径范围内应尽量没有工业区和矿区以及固定的空中交通航线,土地使用状况在未来 30 年中不应有明显改变。

不受近距离交通、工农业等局地人为源的直接影响,并能最大限度地避免局地自然现象的直接影响;应避开地方性雾、烟等大气污染严重的地方。

站点周围地形应开阔、平缓,尽量避免因复杂地形而引起的局地环流或易于形成稳定逆温层的区域,以便获得具有代表性的区域平均状况的资料(全年获得具有区域代表性资料的时间不少于 60%)。

观测平台应高出周围任何物品(如树木等),观测平台四周应尽量空旷平坦,避免陡坡、洼地或邻近有铁路、公路、工矿、烟囱、高大建筑物的地方。

(5)观测设备

表 3.10 给出通用型大气成分仪器设备。表 3.11 给出扩展型大气成分观测仪器设备。

表 3.10　大气成分通用型观测仪器设备配置表

观测项目	观测内容	设备名称	参考型号	数量	参考品牌或生产商
酸雨	降水 pH 值、降水电导率	自动酸雨观测系统	TCYI/TCYII	1	浙江恒达仪器仪表股份有限公司
气溶胶	气溶胶质量浓度(粒径分布,包括 PM_{30},PM_{10},$PM_{2.5}$,PM_1)	质量浓度仪	GRIMM	1	德国 GRIMM

续表

观测项目	观测内容	设备名称	参考型号	数量	参考品牌或生产商
气溶胶	气溶胶吸收特性	灰度仪	AE31 MAAP5012	1	美国 Magee
	气溶胶散射特性	浊度计	ECOTECH M9003 TSI 浊度计	1	澳大利亚 Ecotech
	能见度	能见度仪	Vaisala FD-12	1	芬兰 Vaisala
臭氧	地面臭氧	紫外光度法 O_3 分析仪	BML EC9810 TE49C	1	美国 Thermo
紫外辐射	UV	UV 辐射表	1. SUV-A、SUV-B 2. FS-UV9	1	1. KIPP@ZONE 2. Hukseflux
地面方舱	地面方舱			1	

表 3.11　大气成分扩展型观测仪器设备配置表

观测项目	观测内容	设备名称	数量
气溶胶	气溶胶质量浓度（粒径分布，包括 PM_{30}，PM_{10}，$PM_{2.5}$，PM_1）	质量浓度仪	1
	气溶胶吸收特性	灰度仪	1
	气溶胶散射特性	浊度计	1
	能见度	能见度仪	1
	光学厚度	太阳光度计	1
	气溶胶垂直廓线	地基气溶胶激光雷达	1
	化学成分	膜采样＋实验室分析	1
温室气体	碳循环温室气体采样	便携式采样器＋采样瓶	1
	卤代温室气体采样	便携式采样器＋采样瓶	1
	CO_2（在线）	非色散红外分析系统	1

观测项目	观测内容	设备名称	数量
温室气体	CH_4(在线)	双通道气相色谱系统 (FID+ECD检测器)	1
	CO(在线)		
	N_2O(在线)		
	SF_6(在线)		
	卤代温室气体(在线)	气相色谱—质谱系统	1
反应性气体	SO_2	脉冲荧光 SO_2 分析仪	1
	$NO/NO_2/NO_x$	化学发光法 NO_x 分析仪	1
	CO	红外相关 CO 分析仪	1
	NH_3	化学发光法 NH_3 分析仪	1
	NO_y	化学发光法 NO_y 分析仪	1
	VOCs 采样	VOCs 采样器+采样罐	1
臭氧	地面臭氧	紫外光度法 O_3 分析仪	1
降水化学	降水采样	自动降水采样器	1
臭氧探空	臭氧探空	臭氧探空系统	1
紫外辐射	UV	UV 辐射表	1

(6)安装维护

①通用型大气成分观测系统安装要求

气溶胶质量浓度、吸收特性、散射特性观测仪器设备安装在温度相对恒定的观测室内,专用采样管须伸出观测室(观测室墙面或屋顶相应位置需要开孔),并尽量直,避免盘绕和弯折;进气口应高于观测室屋顶 1.5 m,观测室屋顶开孔处应进行防水和密封处理。

能见度仪安装在地面气象要素观测场内东侧或西侧,仪器中心轴线向南、北向各 3 m 范围内下垫面无遮挡和强反射体。

地面臭氧仪器设备安装在观测室内,专用采样管须伸出观测室(观测室墙面或屋顶相应位置需要开孔),并尽量直,避免盘绕和弯折;进气口应高于观测室屋顶 1.5 m,观测室屋顶开孔处应进行防水和密封处理。

紫外辐射仪表安装在地面气象要素观测场内,具体可参见其他辐射观测仪器安装要求。

②扩展型大气成分观测系统安装要求

气溶胶光学厚度观测仪器安装在观测室顶部或观测场内,四周视野开阔,5°视角以上无遮挡。

气溶胶激光雷达安装在专用观测房内,垂直空域内无遮挡和固定飞机航线。

气溶胶化学膜采样设备一般安装在观测室顶部或观测场内。

温室气体观测仪器设备安装在观测室内,专用采样管须伸出观测室(观测室墙面或屋顶相应位置需要开孔),并尽量直,避免盘绕和弯折;专用采样管进气口距地面高度至少 30 m,一般需要一个小塔。

温室气体样瓶采样点应选在四周宽阔无遮挡的上风方向。

反应性气体设备安装在观测室内,采用共线式进气系统,观测室墙面或屋顶相应位置需要开孔,进气口高度应高于观测室屋顶 1.5 m。NO_y 进气管路需要单独架设。VOCs 采样器安装在观测室内,采样管单行架设,进气口高度应高于观测室屋顶 1.5 m。

降水化学:自动降水采样器安装在地面气象观测场内,站内需要配备样品保存冰箱和运输冰箱。

臭氧探空:臭氧探空地面接收设备、标定设备需安装在观测室内,其他要求与高空探测相同。

3.2.4　拓展观测任务

拓展观测任务包括冰川冻土积雪观测、海洋观测、生物圈观测、水文观测、气候资源观测、空间天气观测 6 项,是国家气候观象台根据当地区域特点、功能定位和业务科研需求选择开展的基本气候变量观测。

拓展观测任务经审批同意进行业务化运行后,应严格按照业务标准建设,满足长期稳定、连续、高精度的观测,相关观测任务纳入考核。

　　同一观测场开展的多项观测任务中如有相同观测内容,则按照各项任务要求的最高标准进行建设,避免重复。

3.2.4.1　冰川、冻土、积雪观测

　　(1)总体要求

　　在有条件的观象台开展冰川、冻土、积雪观测。

　　冰川观测主要包括冰川表面能量平衡、冰川物质平衡、冰川水文、冰川尺寸、冰川物理特性、冰面积雪等项目的观测。冻土观测主要包括冻土温度、活动层温度、活动层土壤湿度、冻土温室气体排放、土壤热流等项目的观测。积雪观测包括雪型、雪深、粒度、密度、硬度、含水量、温度等项目的观测。

　　(2)对应的基本气候变量

　　陆地冰冻圈的雪,冰川,冰盖和冰架,永久冻土。

　　(3)观测项目

　　分为冰川下垫面观测、冻土下垫面观测、积雪下垫面观测。

　　①冰川下垫面观测项目主要包括冰川表面能量平衡、冰川物质平衡、冰川水文(包括水位、流量、泥沙、降水量、蒸发等)、冰川尺寸(面积、厚度)、冰川物理特性(温度、运动)、冰面积雪等项目的观测。

　　②冻土下垫面观测项目主要包括冻土温度、活动层温度、活动层土壤湿度、冻土温室气体排放、土壤热流等项目的观测。

　　③积雪下垫面观测项目包括雪型、雪深、粒度、密度、硬度、含水量、温度等。

　　(4)观测环境

　　宜选择在观测场内有自然覆盖物的地段。

　　自动气象站应在冰舌末端、冰川平衡线附近和冰川积累区、典型冻土区、平坦和不受风吹雪影响的积雪场架设,场地要求一般可参考自动气象站场地选择原则,如无合适场地需要专业人员到现场根据实际情况选择。

　　冰川水文观测场地一般选择冰川径流、高山区融雪径流和高山区多年冻土综合下垫面等不同水文断面,在站网规划规定的范围内,具体选择实验河段时,主要考虑在满足设站目的要求的前提下,保证工作安全和观测精度,并有利于简化水文要素的观测和信息的整理分析工作。测站的水位与流量之间呈良好的稳定关系(单一关系)。

(5)观测设备

冰川冻土积雪观测项目涉及的主要观测仪器包括:自动气象站、高精度 GPS、花杆、自动水文计、热敏电阻测温仪、雪冰雷达、全站仪、雪深计、TDR 或 VITEL 土壤水分探头及自制采样设备等。冰川、冻土、积雪观测项目属于特殊观测,包括全自动和手动观测。具体观测方法需要专业人员根据观测内容来确定(表 3.12)。

表 3.12　冰川、冻土、积雪观测仪器设备配置表

观测项目	观测内容	设备名称
冰川	表面能量平衡	自动气象站
	冰川物质平衡	雪深计/自动雪深仪 高精度 GPS 花杆
	冰川水文	自动水文计
	冰川面积	高精度 GPS、卫星观测
	冰川温度	热敏电阻测温仪
	冰川厚度	雪冰雷达
	冰川 DEM(数字高程)	全站仪
	冰川运动	高精度 GPS 花杆
	冰面积雪	雪深计
冻土	冻土温度 活动层温度	热敏电阻温度计(精度高于 0.05℃)、铂金电阻温度计校正
	活动层土壤湿度	TDR 或 VITEL 土壤水分探头

观测项目	观测内容	设备名称
冻土	冻土温室气体排放	自制采样设备
	土壤热流	参照气象规范
积雪	雪深	雪深计/自动雪深仪
	雪密度、雪水当量、雪中含水量含冰量、雪温	积雪特性分析仪
	雪粒径	便携式积雪粒径仪

（6）安装维护

自动气象站需要在冰舌末端、冰川平衡线附近和冰川积累区、典型冻土区、平坦和不受吹雪影响的积雪场架设，场地要求参见自动气象站架设场地选择方法，如果无合适场地需要专业人员到现场根据实际情况选择。

冰川水文观测场地一般选择冰川径流、高山区融雪径流和高山区多年冻土综合下垫面等不同水文断面，在站网规划规定的范围内，具体选择实验河段时，主要考虑在满足设站目的要求的前提下，保证工作安全和测验精度，并有利于简化水文要素的观测和信息的整理分析工作。测站的水位与流量之间呈良好的稳定关系（单一关系）。

雪深计、花杆、高精度 GPS、热敏电阻测温仪、雪冰雷达、全站仪、TDR 或 VITEL 土壤水分探头及自制采样设备等仪器的观测场地需要专业人员到现场根据实际情况选择布置或布设。

3.2.4.2　海洋观测

（1）总体要求

在有条件的观象台开展海洋观测。

海洋观测主要利用近海陆基、海基等自动探测设备，开展水、土、生、碳以及近海海域水质、赤潮、浒苔等生态要素综合监测，包括常规气象要素、海雾、海洋动力、海洋化学、生物多样性、海气通量等。

（2）对应的基本气候变量

　　海洋物理的海水内部温度、海表温度、海水内部盐度、海表盐度、内部洋流、海表洋流、海平面高度、海况、海冰、海表压力；海洋化学的二氧化碳分压、氧含量、营养物、海洋示踪物、二氧化氮、海色；海洋生物的浮游生物,栖息地。

　　(3)观测项目

　　海洋物理的海水内部温度,海表温度,海水内部盐度,海表盐度,内部洋流,海表洋流,海平面高度,海况,海冰,海表压力；海洋化学的二氧化碳分压,氧含量,营养物,海洋示踪物,二氧化氮,海色；海洋生物的浮游生物,栖息地。

　　(4)观测设备(表 3.13)

表 3.13　海洋观测仪器设备配置表

观测项目	观测内容	观测方法/设备名称
海洋物理	海水内部温度	温盐传感器
	海表温度	红外测温仪/温盐传感器/卫星观测
	海水内部盐度	温盐传感器
	海表盐度	温盐传感器
	内部洋流	海流计
	海表洋流	内部洋流
	海平面高度	验潮仪
	海况	人工观测
	海冰	人工观测
	海表压力	压力传感器、卫星观测
	海表热通量	参照通量观测
海洋化学	二氧化碳分压	海水二氧化碳分压(pCO$_2$)分析仪器
	氧含量	COD 分析仪
	营养物	多参数水质自动分析系统
	海洋示踪物	人工观测
	二氧化氮	多参数水质自动分析系统
	海色	水色计

观测项目	观测内容	观测方法/设备名称
海洋生物/生态	浮游生物	人工观测
	栖息地	人工观测

3.2.4.3　生物圈观测

（1）总体要求

在有条件的观象台开展生物圈观测。

生物圈观测主要开展动植物的观测，包括植物物候、叶绿素、覆盖率、叶面积指数、植物光合参数、植物营养成分、生产力、林间腐殖质层厚度、森林群落结构；动物种类和分布、种群数量和密度、栖居生境类型及质量、出生率和死亡率等。

（2）对应的基本气候变量

地面反照率，地表覆盖，光合吸收有效辐射（FAPAR），叶面积指数（LAI），地上生物量，土壤碳，火干扰，地表温度。

（3）观测项目

反照率，地表覆盖，光合吸收有效辐射（FAPAR），叶面积指数（LAI），地上生物量，土壤碳，火干扰，地表温度，植物物候、叶绿素、植物光合参数、植物营养成分、生产力、林间腐殖质层厚度、森林群落结构，动物种类和分布、种群数量和密度、栖居生境类型及质量、出生率和死亡率等。

（4）观测环境

该观测场地要具有所在区域最典型、代表性最大的生态系统特征。

（5）观测设备（表3.14）

表 3.14 生物圈观测仪器设备配置表

观测项目	观测内容	观测方法/设备名称
植物	植物物候	野外直接观测,一天 2 次
	叶绿素	叶绿素含量测定仪
	覆盖率	人工观测或卫星遥感
	叶面积指数	植物冠层分析仪 LAI-2000
	植物光合参数	光合作用测定仪 LI-6400
	植物营养成分	近红外植物营养成分分析仪
	生产力	模式估算
	林间腐殖质层厚度	人工观测
	森林群落结构	人工观测
动物	动物种类和分布	人工观测
	种群数量和密度	人工观测、卫星观测
	栖居生境类型及质量	样方法
	出生率和死亡率	样方法

(6)安装维护

参照有关仪器设备的安装维护要求执行。

3.2.4.4 水文观测

(1)总体要求

水文观测主要开展地表径流和地下水的各项观测,包括水位、径流量、水质、泥沙、降水、水温、冰情、比降、地下水水位变化、蒸发、积雪(深度和水当量)、气温、枯水日期、丰水日期、洪水等。在有条件的观象台开展水文观测。

(2)对应的基本气候变量

陆地水文的河流入海量、地下水、湖泊、土壤湿度。

(3)观测项目

水位、径流量、水质、泥沙、降水、水温、冰情、比降、地下水水位变化、蒸发、积雪（深度和水当量）、气温、枯水日期、丰水日期、洪水等。

（4）观测设备（见表3.15）

表3.15　水文观测仪器设备配置表

观测项目	观测方法/设备名称
水位	超声水位计/自记水位计
径流量	径流场或径流仪
水质	多参数水质自动分析系统
泥沙	悬沙,取水过滤称重或者光学的浊度测量仪 底砂,取样器取样后颗粒分析仪做颗粒分析
降水	雨量传感器
水温	红外测温仪
冰情	人工观测
比降	水位计＋人工观测
地下水水位变化	地下水位用浮筒式自记水位计测定(1次/天);水深用测深杆和测深锤测定(1次/天)
蒸发	大型蒸渗仪/超声波蒸发仪
积雪（深度和水当量）	雪深观测:采用人工观测,一般用量雪尺(或普通米尺)来测量雪深 雪压观测:体积量雪器、称雪器
气温	气温传感器
枯水日期	人工记录
丰水日期	人工记录
洪水	人工记录

3.2.4.5　气候资源观测

（1）总体要求

在有条件的观象台开展风能和其他气候资源的观测。

对人类使用自然资源开展研究,主要包括区域风能、太阳能的资源精细评估和资源数值模拟,为太阳能、风能资源开发利用提供支撑。

(2)对应的基本气候变量

风速和风向,地面的地表辐射收支,高空大气的地球辐射收支。

(3)观测项目

风能观测项目:风速、风向、气温及气压。每个铁塔安装风速、风向传感器,一组塔中至少要加装一套气压及气温传感器。

太阳能观测项目:太阳总辐射、直接辐射、散射辐射、分光谱辐射以及日照时数。

(4)观测环境

①风能观测

观测场址的代表性:风能资源观测场址的选择要有代表性,即所选的观测场址首先应选在风能丰富的地域,能反映当地不同地貌特征风能资源的基本状况。

观测场址的勘选:风向和风速的时空分布较为复杂,与测风塔设置地理位置关系较大。

风能资源取决于:刮风时间的长短、风的强度;地形能改变气流运动的方向,还能使风速发生变化;风仪器的设置高度不同,风速结果也不同;风速随高度增强;地形地貌和海拔高度的影响大。因此,风能观测选址非常重要。

风能资源观测场址的勘选工作较为复杂,应由有资质和有经验的专业技术人员进行,勘选前应广泛进行调查研究,综合分析评估该地区多年的气候、自然地理环境和交通等技术资料,并结合地形地貌确定拟建观测场址的勘查范围。

应该按照国家有关法规,由专业技术人员进行铁塔场址的地质勘测及相关设计、建设工作。

观测场址的环境要求:观测场址应选择在当地多年最多风向的上风位置,四周空旷、气流畅通;附近应无高大建筑物、树木等障碍物;周围应不受突变地形的影响;尽可能避开村镇和人群较为集中的地方。

场址的基本条件应具备：年平均风速较大，尽可能选择风速在 3～20 m/s 较多的地点；具有较稳定的常年盛行风向、风向风速的季节性变化比较小；还应具备湍流小和冰冻、雷暴等自然灾害影响小，交通运输方便等条件。

② 太阳能观测

观测点具有大于 100 km² 的区域代表性，避开污染源、热源及对辐射观测有不利影响的区域。以站点为中心 20 km 半径范围内的区域，未来社会国民经济建设和发展不会对长期观测目标产生影响。下垫面宜开阔、平整、均一。

（5）观测设备

表 3.16 给出风能资源观测技术要求，表 3.17、表 3.18 分别给出了风能资源观测和太阳能观测配置的观测仪器设备。

表 3.16　风能资源观测技术要求

测量要素	测量范围	分辨率	准确度	平均时间	自动采样速率
气温	−50～+50℃	0.1℃	±0.2℃	1 min	30 次/min
气压	500～1100 hPa（任意 200 hPa）	0.1 hPa	±0.3 hPa	1 min	30 次/min
风向	0°～360°	3°	±5°	3s 1min	4 次/s
风速	0～60 m/s	0.1 m/s	±(0.5+0.03) m/s	2 min 10 min	

表 3.17　风能资源观测仪器设备配置表

观测项目	观测方法/设备名称
风速	三杯式风速传感器 强风采用螺旋桨式传感器 脉动风速采用三维超声风仪

观测项目	观测方法/设备名称
风向	单翼式风向传感器
温度	温度传感器
湿度	湿度传感器
气压	气压传感器

表 3.18 太阳能观测仪器设备配置表

观测项目	观测方法/设备名称
太阳直接辐射	
散射辐射	太阳直接辐射表
总辐射	
分光谱辐射	光谱辐射计
日照时数	日照计

（6）安装维护

风能观测：在 70 m 或更高的测风塔上安装 4 层风速传感器，分别位于 10 m、30 m、50 m、70 m 处；至少安装 2 层风向传感器，分别位于 10 m、70 m 处；可根据需要在其余 10 m 的整数倍高处加装风速、风向传感器。

太阳能观测：辐射观测设备安装应远离具有高反射比的物体，确保设备之间互不影响。观测仪器的感应面宜安装在同一水平高度，距地面高度不低于 2 m。测量地面长波辐射、地面反射辐射的仪器安装高度视下垫面情况确定。

辐射测量仪器的日常维护是保证设备正常准确运行的重要手段。每周一次或遇到重大天气过程时增加巡视观测场和仪器设备次数。

3.2.4.6 空间天气观测

（1）总体要求

推进临近空间和高层大气地基观测能力建设，结合天基观测，初步实现日地空间天气因果链多要素全球监测和区域协同监测。

（2）观测项目

①太阳观测要素：太阳表面光学成像、太阳活动区光学强度成像、太阳表面磁场成像、太阳射电辐射流量、太阳日冕物质抛射成像。

②中高层大气观测要素：对流层以上大气的密度、风速度、温度、湿度、压强。

③电离层观测要素：电离层电子密度廓线、电离层电波闪烁指数、宇宙噪声等。

（3）观测设备

参照《关于印发空间天气观测规定（试行）的通知（气测函〔2011〕261 号）》《空间天气地基观测业务质量考核办法（试行）》执行。

未有观测标准和规范的，参照观测设备的安装要求执行或根据观测需求，联合相关领域的科研团队进一步确定（表 3.19）。

表 3.19　空间天气观测仪器设备配置表

观测区域	观测要素	观测仪器	技术指标
太阳大气	太阳表面活动区、太阳黑子、暗条	地基太阳光球、色球望远镜	观测波长：Ha6562.8 Å，透过半宽 0.25 Å，中心波长可移动范围 4 Å。白光：3610 Å，4250 Å，5500 Å 三个观测波段，半宽分别为 30 Å、30 Å、300 Å 探测范围：太阳光球层和色球层 分辨率：约为 1 角秒（每角秒对应太阳上 725 km）
	太阳磁场	地基太阳磁场望远镜	观测波长：FeI 5324.19Å 带宽：1/8 Å 探测目标：太阳光球纵向磁场 时间分辨率：1 min 空间分辨率：2 角秒 灵敏度：<10 高斯

续表

观测区域	观测要素	观测仪器	技术指标
太阳大气	太阳射电流量	太阳射电望远镜	观测波长：10.7 cm 探测范围：太阳 10.7 cm 射电流量 时间分辨率：<1 min
		地基日冕仪	观测波长：可见光范围 探测范围：太阳大气的日冕层（从太阳表面到几个太阳半径处） 空间分辨率：<10 角秒 时间分辨率：<5 min
电离层	电离层电子密度廓线	电离层数字测高仪	工作频率：1～20 MHz 峰值发射功率：<1 kW 探测范围：100～300 km 电离层电子浓度 高度分辨率：<10 km 电子浓度分辨率：<0.2 MHz
	TEC，电离层闪烁指数	电离层闪烁接收机	工作频率：GPS 或其他信标频率 功率：小于 10 W 探测范围：沿电波路径的闪烁 闪烁指数时间分辨率：<1 min
	低电离层电波吸收特性	电离层宇宙噪声接收机	工作频率：38.2 MHz 功率：小于 50 W 探测范围：电离层 D 区对宇宙噪声吸收状况 吸收指数时间分辨率：<1 min
中高层大气	高空大气风场和电子密度	中频雷达	探测范围：60～100 km 工作频率：2.0 MHz 脉冲功率：25～50 kW 高度分辨率：2 km 时间分辨率：<5 min

观测区域	观测要素	观测仪器	技术指标
中高层大气	高空大气风场和中层顶温度	流星雷达	探测范围:70~110 km 工作频率:38.9 MHz 发射峰值功率:小于 15.0 kW 高度分辨率:2 km 时间分辨率:<25 min
	高空大气风场和温度	成像光学干涉仪	工作波长:630.0 nm、557.7 nm、892 nm 或其他波长 探测范围:80~110 km、200~300 km 高度分辨率:<2 km 风场探测分辨率:<10 m/s 温度探测分辨率:<20 K 时间分辨率:数分钟
		高低空一体化气象探测激光雷达	工作波长:355 nm、532 nm、589 nm 或其他波长 激光输出能量:400 MJ/pulse 探测范围:1~60 km 高度分辨率:<2 km 风场探测分辨率:<5 m/s 温度探测分辨率:<5 K 时间分辨率:<15 min

3.3　科学研究平台建设

建立科学研究平台,围绕气候系统各圈层间相互作用及各圈层对天气、气候和生态系统影响等科学问题,通过综合观测试验,开展气候相关领域科学研究,揭示气候系统演变内在规律,解决气候系统模式优化与发展关键问题。

3.3.1   科学委员会

科学委员会围绕着国家气候观象台的科学目标,负责组织研究国家气候观象台科学研究方向,制定发展中长期规划、年度计划;统筹协调气候变化基本变量的基础研究、适应各地需求的前沿技术研究、重大社会公益性技术研究及关键技术、共性技术研究;研究重大科技成果应用转化,提出科研条件保障规划和政策建议;推进科学研究平台建设和科研资源共享。

科学委员会承担宣传推介各地观象台资源优势的义务,并通过争取多种形式的合作项目、科研项目,力争每个观象台至少有一项科研项目开展。

(1)国家级科学指导委员会

中国气象局综合观测司和科技与气候变化司负责筹建国家级气候观象台科学指导委员会,明确职责任务。科学指导委员会秘书处设在中国气象科学研究院,部门外专家及气象探测中心、国家气候中心等单位专家参与,观象台所在省(区、市)气象局择优参与。

国家级科学指导委员会成员由中国气象局聘任。

(2)省级观象台学术委员会

各省(区、市)气象局负责组织所属国家气候观象台学术委员会,聘请部门内外的科学家和相关领域专家参加,明确职责任务,围绕国家气候观象台的科学目标和当地需求,制订国家气候观象台科学研究方向、中长期规划和年度计划;定期组织学术交流;评审推荐科技成果。

省级国家气候观象台学术委员会成员由各省(区、市)气象局或观象台聘任。

3.3.2   观象台建设发展专项

观象台建设发展项目实行申报制度。国家级气候观象台科学指导委员会负责制定观象台年度项目指南,由中国气象局发布。由各气候观象台所在省(区)局组织申报,科学指导委员会组织评选,中国气象局下达项目经费。鼓励、提倡多部门联合申报。

3.3.3　科学试验平台

国家气候观象台应完善现有基础设施,搭建科学试验平台,具备作为大气探测试验基地试验外场能力。

(1)完善基础条件

国家气候观象台在确保基本观测任务不受影响的前提下,应集约布局规划试验场,完善科研办公用房、供水、供电、道路、通信等基础设施,开展观测设备技术试验、测试评估、比对和升级试验,为综合观测技术发展提供技术支撑和示范;为相关部委、国内外科研机构、国内外高校、企业等提供科学试验观测设备的安装场地;为到台站开展科研合作的流动人员提供基本工作条件。

(2)开展科学试验

国家气候观象台必须开展相应的科学实验,结合当地天气气候灾害、海洋气候环境、水文气象、生态文明建设等监测和服务需求,围绕科学目标,与相关部委、国内外科研机构、国内外高校、企业等联合开展有针对性的科学试验。

3.3.4　学术交流平台

中国气象局综合观测司定期组织开展国家气候观象台学术交流。评选优秀科技成果予以表彰,并对各地观象台的成果进行汇编。

鼓励各地定期组织跨地区、跨部门、多学科的学术交流,对当地的科技成果进行交流共享,推荐优秀科技成果向国家申报。

3.3.5　成果应用及转化

依托国家气候观象台资源研究的科技成果、开发的应用产品、技术专利等,各地国家气候观象台可自行应用该成果,向社会、企业等提供有偿服务,收益归当地观象台所有。

鼓励各地国家气候观象台与企业开展积极合作,对科学研究与技术开发所产生的新设备、新产品等科技成果进行市场化、产业化。

3.4　开放合作平台建设

将国家气候观象台打造成面向国内外、部门内外、地区内外相关合作单位和广大科技人员、社会公众的开放合作平台,通过共建共享,达到合作共赢的目的。

3.4.1　国内开放合作

国内开放合作面向各部门、各行业、科研机构、高校、企业、社会公众等。国内开放合作的方式包括:

(1)提供场地合作共建多圈层观测系统。

(2)开放多圈层观测数据的科研应用申请,向各学科的科学研究提供数据支撑。

(3)开放学术交流平台,向全社会公开客座研究和访问学者的申请,提供相应的基础条件;向全社会公开学术交流计划,接受报名和参与学术交流。

(4)向社会提供场地、科研设施与仪器租赁等,开展观测设备技术试验、测试评估、比对和升级试验等。

(5)提倡与企业开展科研成果应用转化。

3.4.2　国际开放合作

国际开放合作面向国际有关的行业部门、科研机构、高校、企业等。国际开放合作的方式包括:

(1)引进国际先进观测设备,开展观测技术试验和观测设备研发等。

(2)引进国际先进技术,针对当地天气气候特征和演变规律等开展研究,提高应用、服务能力。

(3)依托观象台资源,参与国际有关项目合作。

(4)开放数据申请和资料有偿服务,为全球气候变化研究提供科学数据支撑。

(5)与国际相关机构建立合作机制,实现互派交流访问人员。

(6)邀请国际专家参与观象台学术交流;定期派出观象台工作人员参加国际有关会议交流。

3.4.3　多部门合作共建

国家气候观象台是面对多圈层的综合观测站,是跨部门、多学科交叉的科学研究支撑平台,应充分发挥长期、多要素、精细化、综合、立体的观测资料的优势,建立多部门合作机制,联合中国科学院和环境、海洋、水利、农业、林业、电力、教育等部门共同建设国家气候观象台。

(1)开展项目合作

每个国家气候观象台都应从国家、省、观象台层面,多措并举,争取与各有关部门开展联合共建,争取有两个以上共同投入的合作共建项目。

(2)集约化、标准化建设

观测项目建设充分考虑多部门的资源优势,不搞重复性建设,建立统一的观测规范和技术标准,实现信息沟通和观测数据的共享,为气候变化研究提供各圈层观测资料。对联合共建的部门,支持观象台提供观测场地、观测数据等资源共享。

3.4.4　实(试)验场(室)开放

为吸引跨部门、跨行业的单位机构,开展全方位、宽领域、多层次的国内外交流合作,营造开放合作氛围,实现合作共赢,提高国家气候观象台的建设效益,各地观象台均应具备建立开放实(试)验场(室)的条件。积极联合相关部委、科研机构和国内外高校,联合建立开放实（试）验场（室），发挥各自优势，形成发展合力，促进当地观象台的高水平发展。

各地观象台应出台实（试）验场（室）开放合作管理办法，向社会公开科研设施与仪器设备名录，公布科研设施与仪器分布、利用和开放共享情况等信息。凡国内外的科研院所、高校、企事业单位和行业组织（具有独立法人资格）、科研团队等社会用户均可申请开展合作，合作方式包括为合作者提供实验条件，为合作者提供研究经费进行实验研究等，合作内容包括但不限于联合试验、项目合作、人才培养、基地共建、应用研发、数据共享、仪器租赁等。

3.4.5　数据开放

国家气候观象台是国家层面解决气候变化相关问题的重要基础资源，为实现国内社会公众参与、共同研究、促进创新、培育合作，各地观象台应根据国家法律法规、部门规章，结合实际情况制定数据开放共享管理办法。

（1）科研合作数据开放共享

合作单位所提供科研或试验探测设备所观测的数据，须在观象台落地集中存储；观象台应根据合作协议规定对合作单位开放端口共享数据，并可在本单位主持的科研项目或业务中使用。科研合作单位在观象台开展科研试验观测期间，有申请免费获取观象台常规观测数据的权利，观象台有无条件提供常规观测数据的义务。

科研合作单位对其所获取的观象台气象资料只能用于本单位业务科研，除《涉外提供和使用气象资料审查管理规定》等规定的"公开气象资料"外，任何"内部气象资料"未经审批单位批准不得以任何形式转让或泄露给第三方。除另有协议外，合作单位对自己的观测数据具有两年的保密期和数据应用优先期，期满后，观象台有权向其他合作单位开放和共享数据。

科研合作单位在与观象台合作期间，或利用观象台提供的观测资料，所取得的一切研究成果（包括试验数据资料、源程序、文档、软件、论文、专著等)必须与当地观象台共享,并注明资料来源,体现国家气候观象台的贡献。每年应提交一份数据应用成果报告,包含但不仅限于过程案例、分析研究的成果、发表的文章等,报送国家气候观象台。

境外合作单位在合作期间须遵守中华人民共和国各项法律法规等。

(2)基本气候观测数据公开

各地观象台编制数据开放目录,定期形成观测数据集,定期向社会和公众公布。

3.5　人才培养平台建设

把国家气候观象台打造成人才培养与成长的平台,培养一批具有现代化科学视野、熟悉气象观测原理与现代观测业务发展趋势、具有气象观测各领域应用本领、能参与观测业务技术发展与创新的优秀人才。各观象台应制定人才培养方案和计划,以发展研究型观测业务为出发点,积极组建观测研究型业务和科研团队,实施精准人才培养政策,探索国家气候观象台人才分类管理办法。

3.5.1　建立团队

(1)建立研究型业务团队

目标:保障观测业务的长期连续稳定运行;开展数据质量控制与资料处理方法研究,确保数据质量可靠;完善观测规范和流程,研究建立全流程标准化的观测业务体系;开展观测数据应用研究,为天气气候业务和研究提供气象观测数据和观测产品。围绕当地观象台的科学目标开展研究;开展新型观测技术的业务化应用研究,提供解释应用方法的基础支撑,研究解决制约观测业务现代化的关键技术问题;申请科研项目。

具体要求:①各观象台可设置技术总师(或首席),负责统筹研究型业务工作,制定研究型业务发展方向等;②明确每项研究型业务负责人,制定考核指标、目标;③对团队成员,需要专家给予指导的,可按计划指派本单位或聘请外单位的专家给予指导;鼓励聘请相关学科的国内外知名专家作为兼职导师;④按要求组织安排人员参加有关观测业务培训、访问进修、学术交流等。

(2)建立合作科研团队

各观象台须明确合作科研团队。可在全国科研院所、高校、企业中择优选择与本观象台相关相近的,可驻场合作的科研支撑团队,签订合作协议。

①观象台应为合作科研团队提供基本工作条件以及食宿条件。

②双方互相开放必要的观测数据和技术,共同制定年度的科研计划和目标,纳入国家气候观象台目标考核。

③合作科研团队必须吸纳观象台业务骨干人员参加,合作单位必须为观象台提供必要的人员培训和进修机会。本地研究团队应与合作科研团队有机结合,相互合作,促进观象台的发展。

3.5.2　实施科技人才精准培养计划

各观象台应分年度制定人才培养方案和计划,以研究型观测业务为出发点,实施精准人才培养。采取访问学者交流学习、共同开展科研项目、选派科学家实地培训等方式提升观象台人员业务素质和水平。要主动选派基础好、有能力的基层人员有目的地到科研院所、直属单位进修。

3.6　研究型业务建设

国家气候观象台是开展研究型综合观测业务的核心,其研究型业务包括但不限于观测与预报互动、观测方法、观测大数据应用、高效业务体系建设等业务研究。

3.6.1　观测与预报预测互动

通过国家气候观象台综合、立体观测数据与预报系统的互动反馈,深入了解天气、气候、生态等系统的演变规律,同时还能反馈观测系统,提高观测资料效率。观测与预报互动研究包括但不限于以下研究。

（1）预报领域研究

开展新型观测技术应用研究和数据处理方法研究;基于精细化局部天气系统变化过程,开展天气系统变化机理研究;开展不同气候区域天气系统变化特征研究;开展改进天气预报数值模式和预报方法研究;开展资料应用、数值模式参数化方案及验证的研究等。

（2）数值模拟领域研究

开展陆面过程模式中物理过程和生态系统过程参数修正、辐射收支参数修正研究;开展改进中国区域气候背景和下垫面特征的物理过程及参数化方案研究;完善海洋陆地生态系统碳氮循环、大气化学和气溶胶等过程研究;模式模拟结果的检验评估和对比分析研究等。

（3）天气气候分析领域研究

开展有关气候与气候变化的监测、分析预测、评估及其服务;开展多圈层综合观测资料初级产品及再分析产品研究;开展区域天气气候不确定性研究;开展区域天气气候特征和演变规律研究。

3.6.2　生态与气候服务平台建设

以气候观象台为核心建设全国生态气象观测站网,在典型生态下垫面建设专业生态气象观测装备,建立不同尺度水热通量观测系统和多圈层生态气象观测系统,满足生态气象保障、应对气候变化气象保障、生态修复型人工影响天气的服务需求。

3.6.2.1　生态气象基础数据

加强气候观象台中卫星遥感校验设备的建设,具备空基生态系统气象观测能力,满足无人区及大范围陆表和海表生态遥感监测的需求,整理、开发和应用气候相关卫星、地面观测数据,以及气候景观资源普查及其数据整理、开发和应用,气候环境评估数据库建设等,同时观测数据满足地表生态参数的模型构建及验证的要求。尤其是高分辨率卫星资料在气候资源开发领域的应用,空气质量、森林覆盖、气候环境监测、碳排放等生态监测数据的开发等应用需求迫切的领域。

3.6.2.2　生态气象服务体系

充分发挥观象台气候系统观测能力和观测数据的资源优势,研发重大气象灾害和气候变化对生态系统的影响评估、气象条件对生态服务功能变化影响评估等关键技术、指标、服务产品和业务系统,提高气候及气候变化对生态系统影响的监测、评估,为青藏高原区生态保护与恢复、黄土高原生态保护修复及水土流失治理、洞庭湖和鄱阳湖污染治理、京津冀地区水源涵养区生态保护修复、西南地区石漠化防治、东北地区森林生态系统保护修复等国家重点生态保护和修复工程提供气象保障服务。

3.6.2.3　区域生态环境特征及演变规律研究

综合分析包括国家气候观象台所在区域生态系统(如农田、森林、草原、湿地等)的生物学指标、土壤、水文、气象灾害、病虫害等生态环境要素的气候特征及其演变规律;提出天气气候演变和人为活动对生态环境变化的可能影响及其途径。在珠三角、长三角和京津冀等重点地区开展针对城市和城市群的生态气候环境观测、微气候观测。

3.6.2.4　区域大气环境特征及变化规律研究

与国家应对气候变化总体解决方案联系起来,根据国家气候观象台观测要素,开展气溶胶、地面臭氧、能见度、紫外辐射、温室气体及相关微量成分、反应性气体、降水化学等大气成分区域气候特征分析研究;研究区域大气成分的变化规律,探讨区域天气气候条件对大气成分变化的影响。

3.6.3　观测方法研究

（1）完善基本气候变量观测方法

国家气候观象台设计为获取气候多圈层综合观测信息的平台。目前,全球实施可行且对 UNFCCC 的需求影响较大的基本气候变量主要包括大气部分的地表、高层大气、大气成分,海洋部分的海表、海面以下,以及陆地部分的河流流量、湖水水位、冰雪、冻土等,共计54 项。

根据我国现阶段气候观测实际状况和技术条件,可开展的包括地面基准气候、基准辐射、大气成分、地基 GPS 水汽遥感、风能、高空大气、生态、海洋、海-陆-气交换项目、卫星遥感等 10 余个观测项目,近 30 个观测要素。其中,对五大基本业务观测业务仍须改进精度和方法,同时须探索开展拓展观测要素、多部门共享观测项目,以及中长期计划观测的项目。

国家气候观象台将保持现行的天气气候观测业务不变,按要求新增开展基本观测和拓展观测。同时,与科研观测项目"集约化运行",解决基本气候变量观测中未完善的观测业务问题,包括探索天气气候观测新技术、新方法,开展新技术设备观测试验,推动综合观测技术发展。通过不断的业务实践发现并凝练科学问题,通过解决问题取得科研成果,再将科研成果转化为业务能力,在"业务—科研—再业务"的良性循环中,形成科研和业务"螺旋式上升"的发展模式。

（2）开展智能观测

发展自动、智能气象观测装备,研发天气实况自动判识技术和自适应观测技术,推进地空天协同智能观测,着力提升针对气象灾害自动快速判识、多设备协同、多模式联动、全过程跟踪的观测能力和新业务运行保障能力,实现业务稳定运行。综合运用多源观测数据,提升遥感数据综合应用能力。

发展天气实况自动判识能力。综合分析国家级地面气象观测站内设备各种观测要素的相关性,基于物理模型和大数据分析,建立单站观测资料综合分析诊断模型,实现设备端软件的自动处理,完成观测试验和业务试点工作,逐步实现基于要素关联分析的天气实况快速自动判识和观测质量诊断,具备无人值守运行能力。

发展自适应性观测技术。基于天气实况自动判识功能,发展自动气象站和天气雷达设备根据实况自动调整观测模式的能力,具备观测方式和资料处理方法的自动切换功能。开展设备自动调整观测模式的业务试点,初步实现针对不同天气现象的观测要素采集和处理功能,开展智能观测模式的试验应用。

发展业务协同观测能力,推进地空天协同观测。发展网络化智能识别技术,逐步实现地面、高空和空间等多种观测手段的互联互通,针对同一要素、同一天气系统进行联合观测、多站数据的综合分析处理和交叉检验。

发展灾害性天气观测工作模式。在自动判识或预报出现灾害性天气时,根据灾害天气预设程序和划定的观测范围,各类观测设备自动切换合适的观测运行模式,开展针对目标的协同观测。

3.6.4 观测大数据应用研究

观象台是面对多圈层的综合立体观测,是跨部门、多学科交叉的科学研究支撑平台,具备长期、多要素、综合、精细化的观测资料优势,要求针对观测大数据开展分析和应用。

(1)交叉学科应用研究

充分利用科学研究平台、开放合作平台建立的机制,与中国科学院、环境、海洋、水利、农业、林业、电力等部门联合开展交叉科学应用研究。

(2)多源观测数据融合应用研究

发展大数据挖掘技术,研发多源资料融合分析技术和分析应用技术,发展实时融合处理技术,构建地空天一体化、内外资源统筹协作的气象综合观测业务,建成多圈层多要素协调一致、高质量、快速更新的实况分析业务,研制开发高精度、高时空分辨率三维气象要素场产品。

(3)观测数据质量控制研究

开展观测数据质量控制业务体系建设,应用先进的技术和方法,形成各种观测数据从采集到应用的全程质量控制业务,提高观测数据定量应用率。

建立全程质控业务。根据地面、高空、气象卫星、天气雷达、航空气象资料转发(AMDAR)、大气成分等观测业务特点,分类设计从设备级到产品级的全流程观测数据实时质控体系,明确质控流程,建立质控方法,形成全程质量控制业务。

加强设备级质控能力。发展各类观测设备的定标、定位和误差订正等定量化处理技术,建立观测设备在线、远程定标业务,建立地面观测、高空观测、气象卫星、天气雷达、风廓线雷达、大气成分观测等技术装备的设备级质量控制方法和技术标准,建设实时观测数据质量控制业务运行系统,提高观测数据可用率。

(4)观测应用产品开发

针对天气气候观测新技术、新方法,进行解释应用方法的研究,开发应用产品,为提高无缝隙精细化预报预测能力、提高防灾减灾和应对气候变化服务能力提供观测基础支撑。

大力发展实时观测产品制作业务。建立多源观测数据综合处理业务,加工制作描述大气实况及相关圈层真实状态的三维格点产品。形成气压、气温、湿度、风场、云和降水等要素的三维实况场。形成台风、暴雨等天气系统监测产品。建立数据处理、产品制作方法和业务流程等标准,建立基于多源资料的综合业务平台。

加强观测产品交叉检验能力。建立观测产品质量检验业务系统,根据各类观测设备的自身特点,研发雷达、卫星、闪电、探空等交叉检验技术方法,实现云、大气气溶胶、雾、强对流、水体面积、海冰面积、森林草原火情等观测产品交叉检验业务化。

开展观测产品级质量评估和控制。研究与改进观测数据均一化技术,不断提高基础资料完整性与可用性。研发观测数据质量联合检验技术方法,建立健全各类观测数据检验、评估、比对、订正方法和技术标准。

3.6.5　建设高效业务体系

国家气候观象台要集中各类观测技术,获取综合、精细化的观测资料,研究形成多种观测技术有机结合、效益最大的集约化观测系统的设计方法,开展新型观测技术的业务化应用评估。

在不同气候类型的关键区域,开展典型的业务观测试验,进行观测系统布局和优化设计研究,完善观测内容和项目。

大力提升业务质量和效益。研究建立全流程标准化的观测业务体系,以信息化手段为支撑,集约化为导向,规范流程,建立观测－传输－分析－应用－评估的业务流程;提高气候观测要求的观测技术水平和设备性能,加强观测业务运行管理、重视产品加工分析、强化资料共享服务、注重数据分析和应用,从而为形成良性循环的闭环业务体系。

加强气象及相关数据的综合获取能力,构建集气象、行业和社会观测于一体的综合气象观测业务。

第4章　国家气候观象台运行管理

国家气候观象台的运行管理,主要包括运行机制和业务工作要求。

4.1　运行机制

4.1.1　业务运行管理

中国气象局观测业务主管职能司负责全国的国家气候观象台业务管理。各省(区、市)气象局观测业务主管部门负责本省(区、市)内国家气候观象台直接管理,市(地、州、盟)气象局业务主管部门协助管理。观象台所在单位负责日常业务运行管理。

中国气象局观测业务主管职能司负责对各观象台下达年度任务并组织开展国家气候观象台业务运行情况的考核。对纳入考核的观测任务下达专项业务维持费。对未完善的基本气候变量观测业务进行统筹研究和部署。

中国气象局气象探测中心负责制定国家气候观象台各类常规观测业务运行保障工作流程和业务规范;对新型观测技术试验等进行技术指导和评估。制定数据的采集、传输、存储、归档、建立数据集等系列标准、规范。开发国家级观象台运行监控平台,开展质量监控和制定国家级质量控制方法。

国家卫星气象中心负责利用卫星观测技术,协助开展大气、陆地和海洋中的大范围观测项目。

国家气候中心、国家气象中心负责提出国家气候观象台观测需求,开展观测资料应用研究的技术指导。编制资料质量控制办法。协助国家气候观象台实验室的建设。

国家气象信息中心负责观象台资料的收集、存储、归档。制定国家气候观象台观测系统的观测资料传输细则。向各观象台分发 200 km×200 km 代表区域范围内的综合气候观测数据。

省(区、市)气象局观测业务主管部门负责观象台的日常业务管理和指导,组织开展本省(区、市)观象台日常业务考核,组织省级直属业务单位为观象台日常业务运行提供技术支持。组织做好本省(区、市)观象台的运行监控,开展各观测系统的运行维护技术保障和指导。组织本省(区、市)观象台资料的传输、存储、收集、归档,开展省级质量监控,制定省级质量控制方法。

国家气候观象台负责做好观象台各项业务的统筹管理,负责观象台观测业务日常运行和维护。建立本单位的综合气象观测质量管理体系。开发各类系统的运行监控系统,实现一站多址的组网运行;开发本地业务系统和探测应用产品,做好数据存储和汇总。开展研究型业务,探索天气气候观测新技术、新方法,开展新技术设备观测试验,促进科技成果转化,推动综合观测技术发展。为本地的天气气候预报和防灾减灾服务提供观测支撑。做好观象台对外合作共建业务。组织做好人才管理和培养。汇总区域气候观测数据。

4.1.2　研究型业务和科研工作运行管理

按照"国家级指导、省级管理、团队运行、属地支撑"的原则,国家气候观象台业务任务与科研项目实行"集约运行、分类管理"。研究型业务和科研项目由所在省(区、市)气象局观测业务和科技主管部门按照职责分工管理,纳入观象台工作目标管理和考核。研究型业务和科研工作的目标实现主要依靠团队自我管理,在其工作范围内由团队负责人安排工作任务。各团队人员必须遵守观象台所在单位的各项工作规章制度。所在单位负责统筹协调安排单位的各项工作,为研究型业务和科研项目提供必要的支撑。

国家气候观象台应每年年初向中国气象局上报科研工作计划。

鼓励国家气候观象台作为观测科研、试验的主要平台,以开放合作的方式,吸引业务单位、高校科研单位的科技人员,以各种方式参与观象台的科学试验和研究,使相关的科研成果能在观象台积淀延续。

国家气候观象台要求每年年末汇总有关科研成果,包括技术报告、软件、论文、专利、专著等,提交年度科研成果报告。

(1)部委合作项目

科研项目由合作单位投资建设的,按国家气候观象台与合作单位商定的项目管理模式运行,原则上须有观象台人员参与项目合作,科研合作单位应提供费用支持,用于场地使用、设备安装维护、数据采集、数据分析等工作。

(2)观象台申请的国家部委项目

按照国家有关部委的科研项目管理要求执行。由观象台主持开展研究,可联合有关科研单位协作,提高科研成果影响力。

(3)专项基金项目

按照基金项目管理要求执行。由项目主持单位与国家气候观象台协商项目的合作管理方式,要求必须有观象台人员参与项目合作。

(4)社会委托项目

原则上由观象台承担,按照委托方的任务要求,组织团队开展研究。科研观测数据的管理与委托单位协商。

以上相关的项目要纳入观象台的科研计划管理,科研成果向科学委员会和观测司上报。

4.2　业务工作要求

国家气候观象台以开展长期、连续、高精度的基本气候变量观测为基本业务,同步开展研究型业务试验,应满足业务要求。

4.2.1　业务准入

（1）指令性观测任务准入

国家气候观象台的基本观测任务和各部委合作共建的观测任务为指令性观测任务。

指令性观测任务由中国气象局观测业务主管职能司或其委托的单位下达，由综合观测司或合作单位下达专项建设和业务维持费。

（2）研究试验转为业务观测的准入

研究试验包括对未完善的基本气候变量开展的观测方法研究和其他研究型业务的试验。

当该项研究试验已成熟，并形成观测规范和业务流程，省（区、市）气象局可向中国气象局申请纳入业务运行。

中国气象局审核批复业务准入后，应正式投入业务运行。对纳入考核的观测任务，由中国气象局或合作单位下达业务维持费。

4.2.2　业务终止

（1）考核不合格的业务终止

对已纳入业务化运行的观测任务，由中国气象局观测业务主管职能司组织考核。对考核不合格的业务予以通报并下达整改要求，未能按期完成整改的下达业务终止通知，同时终止下达专项业务维持费。

（2）失去观测价值的业务终止

如果无法按要求持续开展维护保障，导致观测业务不能长期稳定运行。

（3）无维持经费的业务终止

对已纳入业务化运行的观测任务，如果存在维持经费无法保障观测业务长期稳定运行的情况，观象台应向省（区、市）气象局书面报告，由省（区、市）气象局向中国气象局请示终止业务。

中国气象局审核后批复同意的，可终止观测业务，同时终止下达专项业务维持费。

4.2.3　业务运行

国家气候观象台原则上不允许迁站,各地必须依法做好气象探测环境保护工作,确保气象探测环境长期稳定。每年须定期开展国家气候观象台探测环境评估,并将评估报告提交气象探测中心审核,审核结果报中国气象局观测业务主管职能司备案。

按规定组织开展好观测业务活动,及时准确完成数据获取业务,做好观测系统的日常维护维修、检定标校工作,准确记录填报元数据信息。

建立完整的观测数据记录日志,对所有可能影响气象观测业务和观测数据代表性、准确性、比较性和连续性的情况(如观测任务的变更、观测规定与流程的变化、探测环境的变化、观测仪器的换型或更新、场地仪器设备的维护维修与现场标校、观测数据的数据质量控制的过程与方法等)。

按规定做好数据质量控制工作。每年至少发布一次观测报告和数据质量报告,及时通报观测设备和观测数据问题。完成观测资料的整理归档和数据管理,汇总所代表区域(200 km×200 km)范围内的基本观测系统和拓展观测系统的有关观测数据,形成数据集。开发相应观测产品,按标准化格式形成观测数据集合观测产品集。

每年填报台站历史沿革数据,尤其要说明本年度观象台的周围环境情况。

4.2.4　质量管理

国家气候观象台应按照《中国气象局气象观测质量管理体系(QMS-O-CMA)总体框架》要求,结合本地观象台的具体业务内容和需求,进行观测质量管理体系建设。

国家气候观象台质量管理体系建设按照业务过程、支撑过程、管理过程开展,对气象观测领域的各过程,以及过程之间的关联性和相互作用进行系统的分析、规定和管理,将 PDCA 循环(策划—执行—检查—处置)及应对风险和机遇的措施应用于气象观测领域的所有过程以及整个质量管理体系,明确气象观测质量目标,梳理规范各级各类气象观测业务,建立相应的支撑保障条件和配套的标准、规范及管理制度。

4.2.5 考核管理

建立国家气候观象台综合考核评价体系,从观测数据质量、研究型业务成果、科研成果、合作度、开放度、人才培养等维度对观象台进行综合考核。根据考核结果,对工作优秀的国家气候观象台予以表彰,对不合格的国家气候观象台予以通报批评并限时整改,整改依然不合格的予以摘牌。

观测业务质量按照中国气象局相关业务质量考核办法进行考核。

科研工作考核按照科技项目有关考核管理办法执行。

参考文献

张人禾,徐祥德,2008.中国气候观测系统[M]. 北京:气象出版社.

中国气象事业发展战略研究课题组,2004.中国气象事业发展战略研究[M].北京:气象出版社.

附录 A

中国气象局关于印发《国家气候观象台建设指导意见》的通知

气发〔2018〕85 号

各省(区、市)气象局,各直属单位,各内设机构:

　　为推进国家气候观象台建设,中国气象局组织制定了《国家气候观象台建设指导意见》,现印发给你们,请遵照执行。

　　附件:国家气候观象台建设指导意见

中国气象局

2018 年 11 月 3 日

国家气候观象台建设指导意见

（气发〔2018〕85 号）

国家气候观象台是对气候系统多圈层及其相互作用进行长期、连续、立体、综合观测的国家级地面综合观测站,同时也是开展相关领域科学研究、开放合作和人才培养的平台。建设国家气候观象台,对应对气候变化、服务生态文明建设等具有十分重要的意义。为加强对国家气候观象台建设的统筹规划和顶层设计,根据《综合气象观测业务发展规划(2016—2020 年)》《中国气象局关于加强生态文明建设气象保障服务工作的意见》《中国气候观测系统实施方案(2013 年修订)》及中国气象局相关决策部署,制定本指导意见。

一、总体要求

（一）指导思想

以习近平新时代中国特色社会主义思想和党的十九大精神为指导,落实“五位一体”总体布局和“四个全面”战略布局的相关部署与要求,以应对气候变化为出发点,结合服务新时代生态文明建设等需求,坚持“创新、协调、绿色、开放、共享”发展理念,紧跟国际科技前沿,统筹部门内外资源,创新发展机制和管理方式,大力提升气候系统多圈层观测业务能力,充分发挥气象部门在应对气候变化工作中的基础性支撑作用,努力使我国成为全球气候观象台建设的参与者、贡献者乃至引领者。

（二）基本原则

需求牵引,科学发展。面向应对气候变化和生态文明建设气象保障服务需求,从业务、技术、管理等多个层面推进国家气候观象台建设,推动国家气候观象台观测业务科学、系统、全面发展。

统筹布局,集约建设。立足于我国气候系统关键观测区,依托现有气象观测站点,统筹布局,集约建设。鼓励各省级气象部门按照"一站多用、一网多能"的理念推进国家气候观象台建设。

多元投资,共谋发展。在加大中央投资力度的同时,鼓励各级气象部门积极争取地方投资,全方位、多渠道、分层次推动国家气候观象台的建设和业务发展。

开放合作,共建共享。加强与相关部门、高校及科研院所的合作与交流,推动跨部门共建共享。加强国际合作与交流,提升气候系统多圈层监测能力和多学科联合研究水平。

(三)建设目标

在现有国家基准气候站、国家基本气象站、国家气象观测站、应用气象观测站、高空气象观测站、科学试验基地以及外部门野外试验站等各类台站中,评估优选国家气候观象台,拓展观测能力,完善体制机制,设置组织机构,建成布局合理、定位准确、层次分明、功能完备、具有国内外影响力的国家气候观象台。

"十三五"期间,各气候系统关键观测区至少完成 1 个国家气候观象台遴选及相应能力建设,使其具备承担基本观测任务的能力。"十四五"期间,建成一批业务运行稳定、观测项目齐全、规范标准统一、数据质量达标的国家气候观象台,具备气候系统多圈层监测能力,并在相关科研领域取得突破。力争到"十四五"末期,打造一批在国际上有较大知名度和影响力的国家气候观象台。

二、功能与布局

(一)功能定位

1. 综合观测站

在国家气候观象台开展气候系统多圈层及其相互作用的长期、连续、立体、综合观测,推进地空天一体化,实现多时空尺度和多种观测技术综合集成,获取涵盖全部基本气候变量的长序列、全方位、高精度、无缝隙观测数据。

2. 科学研究平台

围绕气候系统各圈层间物质和能量交换、海陆气相互作用对天气气候和生态系统的影响、不同下垫面对天气气候的影响等科学问题,开展物理、生物、化学等多学科交叉的观测试验和科学研究,揭示气候系统内在规律和机制,解决气候模式优化和发展等瓶颈问题。

3. 开放合作平台

将国家气候观象台打造成面向国内外、部门内外、地区内外相关合作单位和广大科技人员的开放合作平台,通过共建共享,达到合作共赢的目的。

4. 人才培养平台

依托国家气候观象台这一人才成长平台,培养造就一批有现代科学视野和国际影响力的科技领军人才,引领观测业务技术创新发展。

(二)布局设计

依据中国气候观测系统 16 个气候系统关键观测区(见附件 1)的划分原则,根据不同气候带下垫面代表性、气候系统不同圈层相互作用等特征,在不同气候类型的一些关键区域,特别是对气候系统各圈层相互作用、能量和物质交换比较敏感的关键区域,择优选取观测基础较好、符合观象台建设发展要求的站点,建设国家气候观象台。每个气候系统关键观测区至少建设一个国家气候观象台。

在布局设计中,坚持集约化和一站多址、一站多用设计思路,发挥地基、空基和天基相结合的综合优势,充分利用现有国家基准气候站、国家基本气象站、国家气象观测站、应用气象观测站、高空气象观测站、科学试验基地以及外部门野外试验站等已具备的基础观测条件,择优遴选。以站址的气候区域代表性、未来发展的可持续性和探测环境等为重点选择条件,兼顾已有观测资料序列的连续性、现有资源和外部门资源的有效利用等。

国家气候观象台站址选择基本条件详见附件 2。

三、申报与遴选

新增国家气候观象台,由各省(区、市)气象局向中国气象局申报,中国气象局组织评估、遴选,择优确定站点,纳入国家气候观象台序列。

鼓励各省(区、市)气象局和部门内外其他业务科研机构联合申报国家气候观象台。申报单位须在人员及相关科技资源等方面给予持续性支持。

对纳入国家气候观象台序列的站点,中国气象局将按规定在运行维持上给予支持。各级地方政府、各有关单位、各级气象部门也应给予相应支持。

四、观测任务

依据 WMO 全球气候观测系统相关技术要求,国家气候观象台的观测任务可分为基本观测任务和拓展观测任务。其中,基本观测任务包括地面基准气候观测、高空观测、近地层(海面)通量观测、基准辐射观测、地基遥感廓线观测、生态系统监测、大气成分观测等 7 项,拓展观测任务包括冰川冻土积雪观测、海洋观测、生物圈观测、水文观测、气候资源观测等 5 项。

各国家气候观象台应根据各自区域特点、功能定位和业务科研需求,确定所承担的观测任务。在此基础上,参考全球气候观测系统(GCOS)对基本气候变量的相关规定,确定具体的观测要素。

以上各项观测任务的目的和内容,以及 GCOS 所规定的基本气候变量,详见附件 3。

五、组织管理

(一)机构设置

各省(区、市)气象局要依托现有资源积极推动国家气候观象台建设,做好国家气候观象台的机构设置工作。省级观测业务管理单位对国家气候观象台进行管理,要结合实际探索国家气候观象台运行管理机制,使之兼具业务观测站和开放实验室的功能和特点,促进相关科技成果的产出和转化应用。

各省(区、市)气象局应按照工作任务和实际需求合理设置国家气候观象台的业务、科研、管理岗位,配齐配强国家气候观象台专职人员队伍。要加强国家气候观象台领导班子建设,选配业务管理骨干任领导班子成员。对于省局不直接管理的,主要负责人任免向省局备案。

(二)业务管理

中国气象局负责制定国家气候观象台业务管理规范并下达年度工作任务,各省(区、市)气象局结合本省实际加以完善和细化,创造性地开展工作。

国、省两级观测业务管理部门对气候观象台进行定期评估,对评估结果为优秀的国家气候观象台,按相关业务规定通报表扬并加大支持力度,进一步激发其发展活力;对评估不合格的国家气候观象台,将进行问责并限期整改。

(三)合作交流

面向国家和地方的需求,按照"共建、共管、共享"的发展理念,充分发挥国家气候观象台的气候区域代表性、长时间序列综合观测资料、标准化业务管理体系、专业的科研团队和完备的基础设施等优势,吸引相关部委、科研机构和国内外高校,通过合作建立开放试(实)验室和科学委员会等机制,以客座研究、项目合作和设立开放基金等多种方式,共建共管观测设备,共享观测资料及基础设施,以项目合作促进观象台业务能力发展和科技人才培养。

六、保障措施

(一)加强组织领导,稳妥推进建设

各省(区、市)气象局要将国家气候观象台建设纳入重点工作,加强组织领导。在申报遴选阶段,要统筹谋划,推荐位于典型气候代表区、观测基础扎实、有一定科研能力、开放合作氛围良好的台站作为备选台站,加强培育。在建设阶段,要加大政策扶持和项目倾斜力度,完善上下联动、科技与业务互动机制,形成合力,加快建设进程。省级观测业务管理部门要联合预报业务和科研管理部门共同加强对国家气候观象台的建设和运行管理。对于机构设置在地市级气象局的国家气候观象台,要理顺机制,有效落实各项运行保障任务。

(二)完善质量管理,强化科研应用

加强国家气候观象台探测装备研发和相应观测规范和标准的制定,规范国家气候观象台业务和质量管理流程。建立观测质量标准体系,提升观测设备质量检验能力和观测资料质量。发挥有关高校、科研院所的科技引领作用,推进国家气候观象台观测数据的研究与应用,同时培养一批具有国际影响力的科研人才。

(三)加大宣传力度,形成发展合力

各省(区、市)气象局要加强对国家气候观象台功能定位和建设效益等方面的宣传,积极争取地方政府通过建设项目投资、科研项目立项等方式支持国家气候观象台建设和发展。鼓励利用国家气候观象台立体综合观测的有利条件,多部门联合申报各类项目,并以项目为支撑建立稳定的建设和运行维持投入机制,形成发展合力。

(四)深化部门合作,实现合作共赢

充分发挥国家气候观象台的资源优势,积极主动开展全方位、宽领域、多层次的国内外交流合作,鼓励和引导社会力量共同参与到国家气候观象台的软硬件建设和资源共享中,实现合作共赢。通过对中央、地方和其他部门、行业气象资源的统筹规划,营造开放合作的良好局面,提高国家气候观象台建设的效益和影响力。

附件 1 中国气候系统关键观测区分布

中国气候系统关键观测区及重要站点分布见图 1,各气候系统关键观测区所辖区域见表 1。

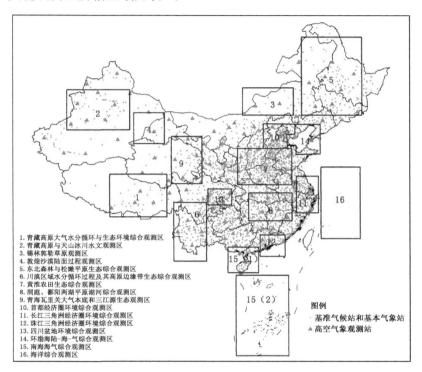

1.青藏高原大气水分循环与生态环境综合观测区
2.青藏高原与天山冰川水文观测区
3.锡林郭勒草原观测区
4.敦煌沙漠陆面过程观测区
5.东北森林与松嫩平原生态综合观测区
6.川滇区域水分循环过程及其高原边缘带生态综合观测区
7.黄淮农田生态综合观测区
8.洞庭、鄱阳两湖平原湖河综合观测区
9.青海瓦里关大气本底和三江源生态观测区
10.首都经济圈环境综合观测区
11.长江三角洲经济圈环境综合观测区
12.珠江三角洲经济圈环境综合观测区
13.四川盆地环境综合观测区
14.环渤海陆-海-气综合观测区
15.南海海气综合观测区
16.海洋综合观测区

图例
· 基准气候站和基本气象站
▲ 高空气象观测站

图 1 气候系统关键观测区及重要站点分布图

表 1　各气候系统关键观测区所辖区域

序号	气候系统关键观测区	所辖区域	备注
1	青藏高原大气水分循环与生态环境综合观测区	西藏中东部与南部、青海西南部、四川西部	
2	青藏高原与天山冰川水文观测区	青藏高原冰川主体区、新疆中部（天山山脉）	
3	锡林郭勒草原观测区	内蒙古中部（锡林郭勒草原）	已建锡林浩特国家气候观象台
4	敦煌沙漠陆面过程观测区	甘肃西北部、新疆东部	已建张掖国家气候观象台
5	东北森林与松嫩平原生态综合观测区	黑龙江、吉林、内蒙古东部、辽宁北部	
6	川滇区域水分循环过程及其高原边缘带生态综合观测区	四川西南部、云南西部、西藏东部	已建大理国家气候观象台
7	黄淮农田生态综合观测区	山东西部、河北南部、山西中南部、陕西东部、河南中北部、安徽北部	已建寿县国家气候观象台
8	洞庭、鄱阳两湖平原湖河综合观测区	江西中北部、湖南中北部、湖北南部、福建西北部	
9	青海瓦里关大气本底和三江源生态观测区	青海东部、甘肃甘南、四川西北部	
10	首都经济圈环境综合观测区	京津冀、山西东部	
11	长江三角洲经济圈环境综合观测区	长三角地区（上海市、江苏省、浙江省、安徽省相应区域）	

序号	气候系统关键观测区	所辖区域	备注
12	珠江三角洲经济圈环境综合观测区	珠三角地区(广东省中南部)	
13	四川盆地环境综合观测区	四川盆地(四川中东部、重庆大部)	
14	环渤海陆-海-气综合观测区	环渤海地区(京津冀、山东半岛、辽东半岛及山东、辽宁环渤海地区)	
15	南海海气综合观测区	海南、雷州半岛、广西东南部	已建电白国家气候观象台
16	海洋综合观测区	黄海、东海、南海区域	

附件 2　国家气候观象台站址选择基本条件

1. 气候区域代表性

拟选国家气候观象台站址,应能代表其所处气候系统关键观测区的主要气候特征。

拟选国家气候观象台周围的地表覆盖类型,应能代表其所处气候系统关键观测区 60% 以上的地表覆盖类型。

2. 未来发展的可持续性

拟选国家气候观象台站址,应得到当地政府和相关部门的认可与支持,并能长期有效保护其观测环境。当地土地利用总体规划和城市规划开发计划对拟选站址实施探测环境保护,具备保持 50～100 年连续稳定观测的条件。

3. 现有观测和科研合作基础

拟选国家气候观象台站址周围 80 km 范围内,具有开展地面基准气候观测、地基遥感观测、高空观测、大气成分观测等多种综合观测基础,能形成"一站多址、点面结合"的综合配套观测格局,且其中至少有一个站址具备 20 年以上(含 20 年)观测资料。

拟选国家气候观象台主站场地面积不小于 30 亩,探测环境符合国家基准气候站相关要求,能满足开展气候观测的需求。

拟选国家气候观象台具备多部门、多领域科研合作基础,有能力建立开放试(实)验室并得到有关部门、科研院所、高校等的支持,具备承担多项科学试验的潜力。

4. 运行保障能力

所在省份能够为国家气候观象台调配专职观测队伍,建立相应的专职机构。

拟选国家气候观象台得到当地政府和合作单位的大力支持,在建设过程中和投入运行后,能够从当地政府和合作单位获得多渠道资金支持。

附件 3　国家气候观象台观测任务

国家气候观象台的观测任务包括地面基准气候观测、高空观测、近地层(海面)通量观测、基准辐射观测、地基遥感廓线观测、生态系统监测、大气成分观测等 7 项基本观测任务,以及冰川冻土积雪观测、海洋观测、生物圈观测、水文观测、气候资源观测等 5 项拓展观测任务。每个国家气候观象台承担的观测任务,根据其区域特点、功能定位和业务科研需求确定。

(一)基本观测任务

1. 地面基准气候观测

地面基准气候观测是国家气候观象台最基本的观测任务。在观象台开展高精度地面基准气候观测,为有关业务和科研累积地面大气核心变量的长序列观测数据,同时为周边观测校验和卫星观测校验等提供数据支撑。

2. 高空观测

高空观测数据是廓线观测的重要基础数据。在观象台或其周边开展高空观测,为有关业务和科研累积高空大气核心变量的长序列观测数据,同时为地基遥感、卫星和其他观测校验提供数据支撑。

3. 近地层(海面)通量观测

近地层(海面)通量是陆-气、海-气相互作用的重要指标。在观象台开展通量观测,定量测量气候系统各圈层之间的物质和能量交换,获取不同代表性下垫面近地层动力、热力结构及多圈层相互作用过程的综合信息,实现对各圈层相互作用的客观定量描述,为气候模式参数化方案的建立、检验、校正提供科学依据。

4. 基准辐射观测

基准辐射观测是按照国际地面辐射观测网(BSRN)的标准开展的高精度近地层辐射全分量观测。在观象台开展基准辐射观测,提供地表辐射通量的连续、长期和频繁采样的测量,为校正星载仪器、估算地表辐射收支(SRB)和通过大气的辐射等提供数据,为监测地表辐射通量的区域趋势、开发清洁可再生能源等提供支撑。

5. 地基遥感廓线观测

地基遥感廓线观测是获取近地层和边界层高时空分辨率的连续大气变量垂直廓线的主要手段。在观象台开展地基遥感廓线观测,提供边界层大气结构和状态监测信息,为模式发展、灾害性天气监测及机理研究等提供基础数据,同时为卫星观测校验提供支持。

6. 生态系统监测

生态系统监测是对气候系统中与生态相关的因子和变量进行观测评估。在观象台开展生态系统监测,围绕区域生态文明建设需求和生态系统监测重点任务,开展山、水、林、田、湖、草、沙、海、城、气等生态系统监测,积累长序列生态系统监测资料,为生态系统相关机理研究和持续改善方法研究等提供数据支撑。

7. 大气成分观测

大气成分观测是全球气候观测系统中大气领域的重要观测任务。在观象台开展大气成分基本变量观测,积累长序列观测数据,为有关数值模式发展、机理研究及大气环境监测等提供数据支撑。

（二）拓展观测任务

1. 冰川冻土积雪观测

冰川观测主要包括冰川表面能量平衡，冰川物质平衡，冰川水文（包括水位、流量、泥沙、降水量、蒸发等），冰川尺寸（面积、厚度），冰川物理特性（温度、运动）、冰面积雪等项目的观测。冻土观测主要包括冻土温度、活动层温度、活动层土壤湿度、冻土温室气体排放、土壤热流等项目的观测。积雪观测包括雪型、雪深、粒度、密度、硬度、含水量、温度等项目的观测。在有条件的观象台开展冰川冻土积雪观测。

2. 海洋观测

海洋观测主要利用近海陆基、海基等自动探测设备，开展水、土、生、碳以及近海海域水质、赤潮、浒苔等生态要素综合监测，包括常规气象要素、海雾、海洋动力、海洋化学、生物多样性、海气通量等。在有条件的观象台开展海洋观测。

3. 生物圈观测

生物圈观测主要开展动植物的观测，包括植物物候、叶绿素、覆盖率、叶面积指数、植物光合参数、植物营养成分、生产力、林间腐殖层厚度、森林群落结构，动物种类和分布、种群数量和密度、栖居生境类型及质量、出生率和死亡率等。在有条件的观象台开展生物圈观测。

4. 水文观测

水文观测主要开展地表径流和地下水的各项观测，包括水位、径流量、水质、泥沙、降水、水温、冰清、比降、地下水水位变化、蒸发、积雪（深度和水当量）、气温、枯水日期、丰水日期、洪水等。在有条件的观象台开展水文观测。

5. 气候资源观测

在有条件的观象台开展风能和其他气候资源的观测。以风能观测为例，观测项目包括风速、风向、气温及气压等。利用铁塔安装风速、风向传感器，一组塔中至少加装一套气压及气温传感器。

（三）全球气候观测系统（GCOS）基本气候变量

全球气候观测系统（GCOS）基本气候变量详见表1，中国气候观测系统（CCOS）各气候系统关键观测区内的国家气候观象台观测任务要求详见表2。

表1　GCOS基本气候变量一览表（54个）

大气的（包括陆面、海面和冰面以上）	地面[1]	气温、风速和风向、水汽、气压、降水、辐射收支
	高空大气	温度、风速和风向、水汽、地球辐射收支（包括太阳辐照度）、闪电
	大气成分	气溶胶属性、二氧化碳甲烷和其他温室气体、云属性、臭氧、臭氧和气溶胶的前体物[2]
陆地的	水圈	地下水、湖泊、河流流量
	冰冻圈	冰川、冰原和冰架、永久冻土、积雪
	生物圈	地上生物量、反照率、陆地蒸发、火灾、光合吸收有效辐射（FAPAR）、地表覆盖、地表温度、叶面积指数（LAI）、土壤碳、土壤湿度
	人类圈	人为温室气体通量、人为用水
海洋的	物理	海面热通量、海冰、海平面高度、海况、海表洋流、海表盐度、海面应力、海面温度、次表洋流、次表盐度、次表温度
	生物地球化学	无机碳、N_2O、营养物、海色（反映生物活动）、氧、海洋示踪物
	生物/生态系统	海洋栖息地属性、浮游生物

注：1.指接近地面的标准高度处的测量；2.包括 NO_2，SO_2，HCHO，CO 等

表 2　CCOS 各气候系统关键观测区内国家气候观象台观测任务要求

	基本观测任务							拓展观测任务				
	地面基准气候观测	高空观测	近地层通量观测	基准辐射观测	地基遥感廊线观测	生态系统监测	大气成分观测	冰川冻土积雪观测	海洋观测	生物圈观测	水文观测	自然资源（风能观测）
青藏高原大气水分循环与生态环境综合观测区	■	■	■	■	■	■	■	■	□	■	□	■
青藏高原与天山冰川水文观测区	■	■	■	■	■	□	■	■	□	■	■	□
锡林郭勒草原观测区	■	■	■	■	■	■	■	□	□	■	□	□
敦煌沙漠陆面过程观测区	■	■	■	■	■	■	■	□	□	■	□	■
东北森林与松嫩平原生态综合观测区	■	■	■	■	■	■	■	□	□	■	□	□
川滇区域水分循环过程及其高原边缘带生态综合观测区	■	■	■	■	■	■	■	□	□	■	□	□
黄淮农田生态综合观测区	■	■	■	■	■	■	■	□	□	■	□	□
洞庭、鄱阳两湖平原湖河综合观测区	■	■	■	■	■	■	■	□	□	■	□	□
青海瓦里关大气本底和三江源生态观测区	■	■	■	■	■	■	■	□	□	■	□	□
首都经济圈环境综合观测区	■	■	■	■	■	■	■	□	□	□	□	□
长江三角洲经济圈环境综合观测区	■	■	■	■	■	■	■	□	□	□	□	□
珠江三角洲经济圈环境综合观测区	■	■	■	■	■	■	■	□	□	□	□	□
四川盆地环境综合观测区	■	■	■	■	■	■	■	□	□	□	□	□
环渤海陆-海-气综合观测区	■	■	■	■	■	■	■	□	■	□	■	□
南海海气综合观测区	■	■	■	■	■	■	■	□	■	□	□	■
海洋综合观测区	■	■	■	■	■	■	■	□	■	□	□	□

■ 必须开展观测任务　　　□ 选择开展观测任务

附录 B

国家气候观象台名单

序号	观象台名称	所处气候关键观测区	依托单位
1	锡林浩特国家气候观象台	锡林郭勒草原观测区	内蒙古自治区气象局
2	寿县国家气候观象台	黄淮农田生态综合观测区	安徽省气象局
3	电白国家气候观象台	南海海气综合观测区	广东省气象局
4	大理国家气候观象台	川滇区域水分循环过程及其高原边缘带生态综合观测区	云南省气象局
5	张掖国家气候观象台	青海瓦里关大气本底和三江源生态观测区	甘肃省气象局
6	饶阳国家气候观象台	首都经济圈环境综合观测区	河北省气象局
7	呼和浩特国家气候观象台	河套生态综合观测区	内蒙古自治区气象局
8	盘锦国家气候观象台	环渤海陆-海-气综合观测区	辽宁省气象局
9	五营国家气候观象台	东北森林与松嫩平原生态综合观测区	黑龙江省气象局
10	金坛国家气候观象台	长江三角洲经济圈环境综合观测区	江苏省气象局
11	武夷山国家气候观象台	洞庭、鄱阳两湖平原湖河综合观测区	福建省气象局
12	南昌国家气候观象台	洞庭、鄱阳两湖平原湖河综合观测区	江西省气象局
13	长岛国家气候观象台	环渤海陆-海-气综合观测区	山东省气象局

序号	观象台名称	所处气候关键观测区	依托单位
14	安阳国家气候观象台	黄淮农田生态综合观测区	河南省气象局
15	岳阳国家气候观象台	洞庭、鄱阳两湖平原湖河综合观测区	湖南省气象局
16	深圳国家气候观象台	珠江三角洲经济圈环境综合观测区	广东省气象局
17	北海国家气候观象台	南海海气综合观测区	广西壮族自治区气象局
18	三亚国家气候观象台	南海海气综合观测区	海南省气象局
19	西沙国家气候观象台	南海海气综合观测区	海南省气象局
20	南沙国家气候观象台	南海海气综合观测区	海南省气象局
21	温江国家气候观象台	四川盆地环境综合观测区	四川省气象局
22	日喀则国家气候观象台	青藏高原大气水分循环与生态环境综合观测区	西藏自治区气象局
23	墨脱国家气候观象台	青藏高原大气水分循环与生态环境综合观测区	西藏自治区气象局
24	武威国家气候观象台	青海瓦里关大气本底和三江源生态观测区	甘肃省气象局